Cotton mini cone

코튼쿠키미니콘

좋은 실을 만들어 더 많은 니터들과 함께 쓰고 싶다는 마음으로 만들었습니다.

2022년 울 위크 공식 모자의 크라운 무늬. 왼쪽은 제이미슨 & 스미스의 실, 오른쪽은 제이미슨즈의 실 사용.

Great Britain 영국

Shetland Wool Week 2022

©Alexa Fitzgibbon and Shetland WoolWeek

울 위크의 배너와 SWW 참가자.

팬데믹 이후 3년 만에 셰틀랜드 제도에 '셰틀랜드 울 위크(SWW)'가 돌아왔습니다. SWW란 매년 9월 말부터 10월에 걸쳐 개최되는 빅 이벤트로, 섬 전체에서 뜨개나 스피닝, 그 밖의 털실 애호가를 위한 이벤트가 열려 세계 각국에서 애호가들이 모입니다.

2022년은 9월 24일부터 10월 2일까지 9일간, 200종이 넘는 이벤트가 섬 남쪽에서부터 북쪽까지 시행되었습니다. 셰틀랜드 레이스와 니팅 벨트의 사용법이며 페어아일 워크숍, 셰틀랜드 울의 강연, 패브릭, 공방이나 제이미슨즈의 공장 견학 등 (www.shetlandwoolweek.com) 예약하지 않아도 되는 것부터 사전 예약이 필요한 것까지 다양합니다.

SWW에서는 매년 '올해의 모자'를 디자인해 6월경에 발표합니다. 그 후 많은 애호가는 해당 모자를 그대로 뜨거나, 각자 자신이 좋아하는 색으로 떠서 울 위크에 가져오기 때문에 거리는 똑같은 모자를 쓴 사람들로 북적입니다.

2022년의 디자인은 린다 시어러(Linda Shearer)가 맡았습니다. 셰틀랜드 제도에서 6번째로 큰 섬 '월세이(Whalsay)'에 사

울 위크 중 셰틀랜드 양과 교감하고 있는 참가자.

는 그녀는, 뜨개는 어머니에게 배웠다고 하며 현재는 페어아일 니팅을 가르치고 있습니다. 모자의 이름은 '보니 아일'. 월세이 섬의 별명이라고 합니다. Facebook 'Bonnie Isle Hat Knit-A-Long'을 만들어 서로 소개를 하기도 하고 뜨개 진행 상태를 알리는 등 정보 교환을 합니다.

체인(사슬) 무늬는 셰틀랜드 울 위크 동안 우리 모두를 연결한다는 의미이고, 페어아일 니팅에 자주 사용하는 무늬인 닻(앵커)은 땅에 발을 달아서 가장 소중한 것

과 이어져 있음을 표현하며, 모자 윗부분의 무늬는 실을 잣는 물레바퀴를 디자인한 것입니다. 이는 많은 작품을 만든 스피너(Spinner)이자 린다에게 영향을 준 어머니 이나 일바인을 향한 존경의 표시라고 합니다.

울 위크에서는 셰틀랜드 디자이너들의 작품을 담은 책도 출판되어 페어아일, 레이스, 패브릭 등 셰틀랜드의 전통을 전하고 있습니다. 셰틀랜드의 풍경도 즐길 수 있습니다. 쉽사리 갈 수 있는 곳이 아니지만,

지금은 인스타그램에서도 정보를 얻을 수 있습니다.

SWW를 시작한 당시에는 이렇게나 많은 이벤트가 가능하리라고는 생각지도 못했다고 합니다. 섬사람들의 협력과 지원을 아끼지 않는 애호가들에게 깊은 감사를 표하고 싶다고 매니저 재키는 말합니다.

취재/요코야마 마사미(유로 재팬 트레이딩www.eurojapantrading.com)

Shetlandwoolweek
Instagram @shetlandwoolweek

올해의 호스트인 린다를 중심으로 2022년 울 위크 시작의 단체 사진. 모두 보니 아일 모자를 쓰고 있다.

왼쪽 위／제이미슨즈의 공장 견학에서 설명하고 있는 5대 개리 제이미슨. 왼쪽 아래／보니 아일의 내추럴 버전. 린다가 일본보그사를 위해 디자인해주었다! 아래／셰틀랜드 풍경.

©Ciara Menzies for SWW

Turkey 터키
털실 숍 EYLUL의 터키 방문기

위／아야 소피아는 2020년부터 박물관에서 자미(모스크)로 바뀌었다. 아래／선명한 색깔이 특징인 어스 얀.

2022년 9월, 7년 만에 방문한 터키는 파란 하늘과 사람들의 밝은 얼굴은 그대로였지만. 도시의 거리는 새로워지고 관광지는 도로도 정비되어 나라가 발전했음을 느낄 수 있었습니다.

이번 여행의 목적 중 하나는 오랫동안 알고 지낸 터키의 메이커 어스 얀(Urth yarns)을 방문하는 일이었습니다. 이스탄불의 신시가지 탁심의 베이욜루 지구에 본사를 둔 어스는 3대를 이어온 노포 메이커 페자 얀(Feza yarns)을 모체로 하는 새로운 브랜드입니다. 아들들이 새로운 기획을 차례차례 제안하며 세계적으로 전개하고 있습니다. 이를테면 모든 털실은 1타래가 팔릴 때마다 아프리카에 나무 1그루를 심는다고 합니다.

회사는 가족적이고 사무실에는 고양이도 있었습니다. 처음 만난 대표 에밀(Emir)과 담당자 카디(Kardie)는 업무 관계를 넘어 아주 친해졌습니다. 손 염색실은 마을의 아주머니들이 커다란 냄비에 요리하듯이 염색을 하고 있었습니다. 어스의 실은 발색이 좋고 고품질에 아름답지만, 색감이 강하기 때문에 지금까지는 늘 신중하게 색깔을 골

라 주문해왔습니다. 하지만 쇼룸 가득 펼쳐져 있는 샘플과 실을 보고는 전부 갖고 싶어지고 말았습니다. 마침 미팅을 위해 방문해 있던 신진기예의 디자이너인 이지칸(Yigitcan)과도 만나게 되어, 디자인의 콘셉트나 아이디어를 어떻게 디자인으로 연결하는지 등 귀중한 이야기를 들을 수 있었습니다. 그의 디자인은 어스 사이트나 레이블리(Ravelry) 외에 해외의 뜨개 잡지 〈폼폼(Pompom)〉이나 〈레인(LAINE)〉 최근호에서도 볼 수 있습니다. 번역해도 된다는 허락을 받았기 때문에 앞으로 저희 숍에서도 소개할 예정입니다.

그 밖에도 이전에 이벤트를 도와주었던 인연으로 알게 된 쿠구(Kugu)의 살롱 겸 숍에 들러 뜨개 이야기로 꽃을 피우기도 하고, 구시가에서는 털실 가게가 늘어서 있

왼쪽부터 디자이너 이지칸, 필자, 에밀, 카디, 감제(Gamze).

는 도매상가에서 실을 찾으러 돌아다니기도 하며 눈 깜짝할 사이에 2주가 흘러버렸습니다.

즐겁고 알찬 여행을 마치고 다시 방문하기로 약속을 하고, 뜨개 시즌이 기다리고 있는 일본으로 돌아왔습니다.

취재／고지마 유리(EYLUL)
Instagram
Urh　　　　@urthyarns
Kugu Shop　@orgutopya
Yigitcan　　@pufidoknits

Finland 핀란드
헬싱키, 초가을의 양모 이벤트

위／가을을 대표하는 벽면을 가득 채운 담쟁이넝쿨의 붉은 잎. 아래／원모 색깔 그대로의 아름다운 털실과 그 작품.

헬싱키에서도 단풍이 물들기 시작하는 9월 말에 양모 이벤트가 열렸습니다. 야외 이벤트라는 점과 시기적으로 타이밍이 좋았던 덕에 코로나19로 인해 중단하는 일 없이 개최해왔습니다.

FSBA(Finnish Sheep Breeders Association)가 주최하는 이 이벤트는 여름이 끝나고 본격적인 가을이 시작됨을 느끼게 합니다.

여름의 방목 기간에 태양을 한껏 받고 자란 양털을 깎고 나면, 겨울을 위한 준비도 끝이 납니다. 양들은 혹독한 겨울 동안 밖으로 나가지 않고, 건초를 먹으며 축사에서 지냅니다.

이 양모 이벤트의 전시장에는 FSBA 부스 외에도 염색 길드, 양목장, 손 염색실 작가, 펠트 작가도 참가하고 있었습니다. FSBA에서는 품종별 양모 감촉의 차이점을 설명해주었습니다.

제가 방문한 날도 FSBA 천막 아래에서 양 4마리의 털을 깎았습니다. 양을 사람처럼 앉히고 털을 깎는 사람이 양을 다리 사이에 두고 고정하면서 큼직한 털 깎는 기계

양에게도 사람에게도 편안한 자세로 양털을 깎는 모습.

로 거침없이 깎아 나갑니다. 양은 순식간에 배부터 엉덩이, 등으로 털이 깎여서 말끔한 모습이 됩니다. 세계 톱 클래스의 양털깎이 장인은 채 1분도 걸리지 않고 모든 털을 깎는다고 합니다.

양 목장의 오리지널 털실은 일반 털실 상점에서는 팔지 않기 때문에, 이런 이벤트

의 마켓에서만 만날 수 있습니다. 목장의 말에 따르면 자사의 방적기로 실을 만들고 있다고 하며, 이번에도 원모 그대로의 색깔 털실을 주로 팔고 있었습니다.

손 염색실 작가의 털실도 목초 염색부터 인공 염료 염색까지 다양했습니다. 보통은 인터넷 쇼핑몰에서만 파는 실도 이런 이벤트에서는 직접 살 수 있습니다. 소셜미디어의 라이브 등에서 보는 털실 작가도 몇몇 볼 수 있었는데, 유명한 사람을 만나게 되어 기뻤습니다.

전시장에서는 방문객을 기다리며 혹은 손님들과 이야기를 하며 뜨개를 하는 숍 오너가 많다는 점도 핀란드만의 독특한 광경이 아닌가 싶습니다.

취재／란카라 미호코
FSBA http://lammsyhdistys.fi/

코튼쿠키미니콘

지금 바로 브랜드얀에서 만나보세요.

Cotton Cookie mini cone

Brandyarn Project YARNLAB

Cotton 100%　260g　3/0 — 5/0

털실타래

keitodama 2022 vol.2 [겨울호]

Contents

겨울 하늘빛에 돋보이는

주옥같은 손뜨개 아란

… 8

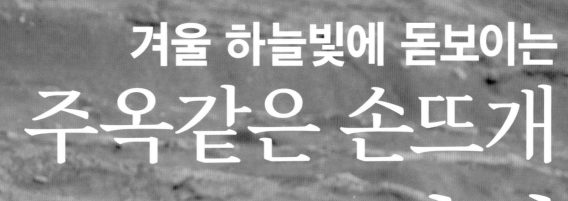

겨울 하늘빛에 돋보이는
주옥같은 손뜨개
아란

Aran Isle Knitting

아일랜드 서쪽의 작은 섬들에서 탄생한 전통 니트, 아란.
전 세계 니터의 마음을 빼앗아온, 뜨개코를 교차시켜 만드는 올록볼록 독특한 무늬의 조합,
빛과 그림자를 다루는 정교한 조각 같은 무늬들을 직접 손으로 뜨는 즐거움을 한껏 즐겨주세요.

photograph Shigeki Nakashima styling Kuniko Okabe,Yuumi Sano hair&make-up Kazunori Miyasaka model Naya,Henry,Ulysse

다이아몬드와 케이블을 조합한 무
늬를 중심에 두고, 크고 작은 케이블
을 배치한 풀오버. 에폴렛 슬리브와
의 조합으로 어깨에서 소매로 이어
지는 케이블무늬의 심플한 아름다
움이 돋보입니다.

Design／가제코보
How to make／P.105
Yarn／로완 펠티드 트위드

피셔맨 스웨터라고 불리던 바다 사
나이들의 작업복을 존중하며, 지그
재그무늬를 맞댄 다이아몬드와 허니
콤을 조합하고, 소매는 움직이기 편
한 래글런 슬리브로 디자인했습니
다. 진한 남색에 컬러풀한 넵으로 캐
주얼한 느낌을 더했습니다.

Design／가제코보
How to make／P.100
Yarn／로완 펠티드 트위드

옆선을 튼 유행 스타일로, 트렐리스 무늬와 버블의 조화가 적당히 소녀 스러운 베스트. 화이트 아란에 블랙 스트라이프무늬로 마린 룩 느낌을 더했습니다. 가을부터 봄까지 돌려 입기 좋은 만능 아이템입니다.

Design／가사마 아야
How to make／P.108
Yarn／데오리야 쿠 울

깔끔한 모양이 독특한 멋을 자아내는 '생명의 나무'와 굵은 케이블은 찰떡궁합! 세련된 디자인과, 직선 실루엣의 재킷과 모자 세트를 한껏 즐겨주세요.

Design／하라다 가산도라
Knitter／스기우라 사치에(재킷)
How to make／P.110
Yarn／데오리야 모크 울 B

풀오버 : 교차하는 겉뜨기와 바탕의
안뜨기가 만들어내는 음영이 아름
다운 격자무늬, 그리고 갈매기를 본
뜬 듯한 1코와 3코의 교차를 조합한
미색 풀오버입니다. 섬세한 무늬들
의 하모니로 아란무늬의 또 다른 매
력을 보여줍니다.
카디건 : 전통 니트가 멋진 점은 남
녀노소 상관없이 잘 어울린다는 점
입니다. 가족 누군가에게 떠준 스웨
터가 다른 누군가에게도 신기하리
만치 잘 어울리지요. 주머니가 달린,
활용도 높은 할아버지의 카디건도
분명 나와 잘 어울릴 거예요.

Design／YOSHIKO HYODO
Knitter／야베 구미코(풀오버), 구라다
시즈카(카디건)
How to make／P.112(풀오버),
P.130(카디건)
Yarn／데오리야 모크 울 B

Glasses／글로브 스펙스 에이전트

15

3개가 한 세트인 케이블이 인상적인
더블 버튼 재킷은 소매 달기도 어깨
잇기도 직선이랍니다. 앞단도 같이
뜨기 때문에 마무리에 자신 없는 사
람에게도 추천합니다. 소매 밑선의
꿰매는 부분은 안메리야스뜨기로
깔끔하게 완성했습니다.

Design／가와이 마유미
Knitter／엔도 요코
How to make／P.115
Yarn／올림포스 트리 하우스 블레스

다이아몬드와 케이블, 그리고 래더
오브 라이프(인생의 사다리)를 배열
했습니다. 전통적인 형태의 베스트
는 환절기에도 안성맞춤이지요. 한
세트인 모자는 뜨개 시작 부분에 참
신한 비밀이 숨겨져 있으니 꼭 한번
떠보세요!

Design／쓰마가리 다케히토
How to make／P.118
Yarn／올림포스 트리 하우스 리브스

오른쪽 : 줄줄이 이어진, 크고 작은
정교한 바스켓 무늬는 에폴렛 슬리
브에서 또다시 변합니다. 격자무늬
와 사다리무늬까지 조합한, 치밀하
게 계산된 디테일이 압권입니다. 아
란은 조합하는 무늬가 많을수록 열
정이 샘솟아요! 그런 아란 러버에게
선사하고픈 작품입니다.

왼쪽 : 중앙에 격자무늬를 두고 양
쪽으로 배치한 블랙베리와 다이아몬
드, 복잡하게 얽힌 케이블이 니터의
마음을 사로잡습니다. 밑단은 비대
칭이며, 목둘레의 뜨개법 등 심혈을
기울인 포인트도 가득하답니다. 한
세트인 모자까지 쓰면 최강의 아란
룩 완성입니다.

Design／이토 나오타카(오른쪽),
yohnKa(왼쪽)
How to make／P.131(오른쪽),
P.120(왼쪽)
Yarn／나이토상사 브란도

18

앞뒤 단차가 있는 아란무늬의 터틀
넥 베스트는 큰 인기의 트렌디 아이
템이지요. 휙 뒤집어쓰기만 하면 코
디가 끝나는 편리한 니트입니다. 여
기에 유행하는 암워머를 한 세트로
만들어보았답니다. 베스트에 사용한
케이블과 허니콤을 배치했습니다.

Design／기시 무쓰코
Knitter／가토 아키코
How to make／P.124
Yarn／다이아몬드케이토 다이아 알파
카 릴리카

Glasses／글로브 스펙스 에이전트

어부에게는 생명의 밧줄, 농부에게
는 수확물을 묶는 소중한 새끼줄,
일상에서도 빼놓을 수 없는 아란무
늬의 대표 모티프인 케이블을 가로
뜨기로 배치했습니다. 몸판에서 소
매로 이어지는 크고 작은 다이내믹
한 케이블이 신선하게 느껴집니다.

Design／시바타 준
How to make／P.128
Yarn／다이아몬드케이토 다이아니콜

실 굵 기 를 선 택 할 수 있 는
프 리 미 엄 콘 사 쇼 핑 몰

| NAVER | 솜솜뜨개 | ▾ |

📍 쇼룸 위치 / 서울시 마포구 포은로 134-1, 1층

노구치 히카루의 다닝을 이용한 리페어 메이크

'리페어 메이크'라는 말에는 수선하지만, 그 작업을 통해 그 물건이 발전하고 진보한다는 생각을 담았습니다.

노구치 히카루(野口光)

'hikaru noguchi'라는 브랜드를 운영하는 니트 디자이너. 유럽의 전통적인 의류 수선법 '다닝(Darning)'에 푹 빠져 다닝을 지도하고 오리지널 다닝 기법을 연구하는 등 다양하게 활동하고 있다. 심혈을 기울여 오리지널 다닝 머시룸(다닝용 도구)까지 만들었다. 저서로는《노구치 히카루의 다닝으로 리페어 메이크》, 제2탄《수선하는 책》등이 있다. http://darning.net

【이번 타이틀】
녹을 듯이 부드러운 캐시미어 후디를 수선하다

before

캐시미어는 고양이도
좋아하나 봐요…

Pants／하라주쿠 시카고 하라주쿠점

photograph Hironori Handa styling Masayo Akutsu
hair&make-up Yuri Arai   model Marie

이번에는 '다닝 구라게'를 사용했습니다.

손에 쥐기만 해도 질 좋은 털실의 감촉이 손바닥으로 깊이 전해지는 부드러운 캐시미어 후드 스웨터. 후드를 뒤집어쓰고 배 쪽의 주머니에 손을 넣으면 편안함의 늪에 빠질 것만 같습니다. 깎은 그대로의 무염색 캐시미어 털실로 정성껏 떴기 때문에 깊이 있는 색깔이 어른스러운 스타일에 제격입니다. 하지만 이 부드러운 촉감을 반려묘도 아주 좋아해서 탈입니다. 고양이를 안다가 또는 고양이가 스웨터를 가지고 놀다가 심하게 찢어지고, 좀먹은 구멍도 여기저기 생겼습니다. 수선할 때 쓴 털실은 가지고 있던 캐시미어와 실크 모헤어 실입니다. 작은 구멍은 다닝의 기본인 바스킷 다닝으로 메웠습니다. 후드는 얼굴을 감싸는 부분이므로 얼굴색이 예뻐 보이게 약간 밝은 실로 꼼꼼히 수선했습니다. 소맷부리와 크게 손상된 곳은 인형용 미니어처 스웨터를 뜨는 짧은 0호 대바늘 2개로 다시 떴습니다. 대바늘뜨기는 손상된 형태에 맞춰 코를 증감할 수 있으므로 세세한 작업에 그만입니다. 대바늘뜨기를 활용하면 원하는 곳에만 꽈배기뜨기나 무늬뜨기를 할 수 있을지 모른다는 상상을 하면서 다음 다닝 프로젝트를 구상하는 것도 즐거운 시간이었습니다.

뜨개 여행을 떠나는 모험가
고세 지에

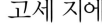

photograph Bunsaku Nakagawa text Hiroko Tagaya

작품을 만들 때는 뜨개바탕을 어떻게
살릴지부터 생각한다고 한다.

구찌 가방과 교환한,
닭을 넣었던 바스켓
백. 묘한 깊이가 느
껴진다.

영국 파통(PARTONS)의 실로
뜬 베스트.

재미있는 패턴이
눈길을 끄는 가방.

프랑스 헌책방에서
발견한 수예 책.

스웨덴 털실. 스웨터
한 벌을 뜰 분량을 담
아준다.

고세 지에(小瀬千枝)
도쿄 출생. 시바타 다케, 가지타니 조코에게 뜨개를 중
심으로 가르침을 받았다. 수공예를 배운 뒤 연구를 위
해 로마에서 유학했다. 이때 영국과 북유럽 각지를 찾
아가 현지의 니트를 접한 뒤 뜨개를 평생의 업으로 삼
게 되었다. 사단법인 일본편물협회 이사. 최근에 출간
한《고세 지에의 전통 니트》, 신간《아란무늬 스웨터》
를 비롯해 수많은 저서가 있다. 건강의 비결은 볼링.

이번 게스트는 도심 속 한적한 곳에 교실을 연 지 벌써 40여 년, 많은 뜨개 서적
을 펴낸 것으로 유명한 고세 지에입니다. 뜨개 교실 겸 아틀리에에 찾아가니 정
취가 느껴지는 곰 인형이 반갑게 맞이해주었습니다. 그 위에는 페루를 여행했
을 때 현지 사람에게 구매한 컬러풀한 니트 모자를 예쁘게 반으로 접어 액자
에 장식해놓았고, 그 옆으로는 각국에서 만난 여러 전통 수예품을 쭉 늘어놓
았습니다. 맞은편 벽에는 노르웨이의 바닷가 마을을 방문했을 때 찍은 사진이
걸려 있었습니다. 그 옆쪽에는 로마 유학 당시 큰맘 먹고 산 아름다운 레이스가
있었습니다. 여행지에서 보낸 근사한 시간이 눈에 보이는 형태로 방 안 여기저
기에 장식되어 감동적인 기억 속의 여러 사람과 물건을 떠오르게 합니다.
그녀는 18살 때 뜨개와 만났습니다. 화가가 되고 싶었지만, 언니가 그림의 길로
나아가자 아버지가 '화가는 둘이나 있을 필요 없다'고 해서 뜨개를 배우게 되었
습니다. 그 후 연구를 위해 로마로 유학을 떠나 그곳에서 입체적인 아란무늬의
재미에 빠지게 되었습니다. 그래서 대사관에 접촉해 당시에는 정보가 적었던
아란 제도로 혼자 여행을 떠났습니다.
"가려고 맘먹으면 바로 가야 직성이 풀리거든요.(웃음) 아란무늬 패턴은 하나
를 어레인지하면 각양각색의 무늬를 만들 수 있는 즐거움이 있어요. 당시 아란
에는 염색 기술이 없어 모두 내추럴 컬러였어요. 거기에 컬러풀한 색깔을 더해
도 좋을 것 같더라고요."
그래서 비비드한 유럽 털실로 뜬 독자적인 아란무늬를 만들어냈습니다. 풍부
한 색채는 그녀가 뜨는 작품의 재미 중 하나입니다.

"어렸을 때부터 시크한 색깔의 옷을 주로 입었기 때문에 아마도 그에 대한 반
발이겠죠. 색에 대한 동경은 그 사람이 지금까지 접한 색과 깊이 관련 있는 것
같아요. 참 재미있어요."
이외에도 위쪽을 향해 피어 있는 크리스마스로즈의 모양도 흥미로웠습니다.
"원래는 아래를 향해 피는 꽃이잖아요. 그래서 뜨개 작품으로 만들 때는 위쪽
을 향하게 해보자 한 거죠.(웃음)"
시크한 검은색으로 꽃을 떴다는 점도 멋집니다. 그런 유머와 재치를 타고난 것
인지 어렸을 때 집에 있던 니트 책의 스웨터 그림에 제각각 얼굴과 팔다리를 그
린 걸 보니 웃음이 절로 나옵니다. 어릴 적부터 말괄량이였다고 하는데, 유학
시절 파리의 기숙사 지붕 밑에서 지붕으로 올라갔다가 혼나기도 했답니다. 어
른이 된 지금도 그녀의 마음속에는 호기심이 왕성했던 소녀 시절이 살아 있습
니다. 이러한 성격을 잘 드러내는 호쾌한 에피소드가 있습니다. 스웨덴의 버스
안에서 한 바스켓 백을 보고 한눈에 반해 너무나 갖고 싶은 나머지 가지고 있
던 구찌 가방과 교환했다고 합니다. "안에 닭이 들어 있었는데 여자 닭 장수가
한쪽 구멍에서 닭을 쑥 뺀 뒤에 가방을 줬어요.(웃음)."
이렇게 유쾌히 살아가는 그녀를 지켜봐 주는 건 방 한구석에 장식된 왕년의 할
리우드 배우 같은 아버지 사진입니다. 그 옆에는 어릴 적부터 사용한 귀여운 책
상이 있습니다. 이 방에는 사랑스러운 어린 시절부터 시작된 어느 말괄량이 소
녀의 모험이 한가득 담겨 있습니다. 그리고 여전히 이 방에서 그녀는 뜨개에 푹
빠져 지내고 있답니다.

1／가운데가 노르웨이의 바닷가 마을 사진. 왼쪽은 큰맘 먹고 산 레이스. 2／그녀 특유의 맵시 있는 색감으로 뜬 아란 니트. 3／어릴 때의 낙서. 원래 어머니의 니트 책에는 컬러로 된 스웨터 그림만 있었다. 거기에 그녀가 얼굴과 팔다리를 그려 넣었다. 꿈이 화가였던 만큼 퀄리티가 높다. 4／아틀리에 입구에서 우리를 맞이해준 곰 인형. 아기 때부터 갖고 있었다고 한다. 5／해외에서 찾은 귀중한 수예 책도 보여줬다. 6／독특한 발상으로 뜬, 위를 향해 핀 크리스마스로즈. 7／말괄량이였던 소녀 시절이 지금도 매력 넘치게 이어지고 있다. 8／어린 시절의 모습(중앙). 9／많은 도구가 깔끔히 정돈된 모습이 인상적이다.

2		1
5	4	3
		6
9		
		7

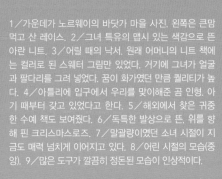

michiyo의 **4사이즈 니팅**

이번 겨울에도 트렌드가 계속되는, 소매가 독특한 소매 컨셔스 디자인에
지금의 기분을 더한 아이템을 제안합니다.

photograph Shigeki Nakashima styling Kuniko Okabe,Yuumi Sano hair&make-up Hitoshi Sakaguchi model Viki G.

볼륨 슬리브
아가일 카디건

오랜만에 아가일뜨기로 뜬 옷을 입고 싶어서 디자인
했습니다. 심플하고 기장이 짧은 카디건이지만 소매
에 풍성한 볼륨을 주고 2색의 아가일무늬를 넣었습
니다. 무늬 위쪽에 가는 스티치 라인을 겹치지 않은
시크한 조합입니다. 이 소매의 볼륨은 몸판과 굵기가
같은 실을 사용하면 무거워지므로 가는 실을 이용해
2가닥과 1가닥을 가려서 떴습니다.

실을 세로로 걸치는 아가일뜨기는 원형뜨기로는 뜰
수 없으므로 왕복뜨기한 뒤에 무늬를 맞춰 떠서 꿰매
기를 합니다. 실을 세로로 걸쳐서 뜨므로 무늬의 수
만큼 소량의 실을 준비하는데, 다이아몬드 무늬 하나
에 필요한 길이는 약 280cm를 기준으로 해주세요.
게이지나 실이 다르면 결과물이 달라지므로 어디까
지나 여기서의 기준입니다.

이번에는 앞트임에 단추를 달았지만, 끈을 달아도
좋고, 아무것도 없이 핀으로 고정하는 방법도 추천
합니다.

소매에만 아가일무늬를 넣은 짧은 카디건. 볼륨 슬리브는 무거워지지 않게 실을 가려서 사용했습니다. 흰색 비백(붓으로 살짝 스친 듯한) 무늬가 떠오르는 멋스러운 실이라서 시크한 색깔도 너무 무겁지 않게 착용할 수 있습니다.

Knitter／이지마 유코
How to make／P.135
Yarn／이사거 메릴린

소매

볼륨 있는 소매 부분의 길이는 4사이즈 모두 같지만, 무늬의 개수로 폭에 차이를 뒀습니다. 무거워지지 않도록 L과 XL은 소맷단의 볼륨을 누르고 무늬 개수를 동일하게 했습니다.

앞단과 단추 벨트

앞단 리브의 폭에 차이를 뒀으므로 단추 벨트 길이도 다릅니다.

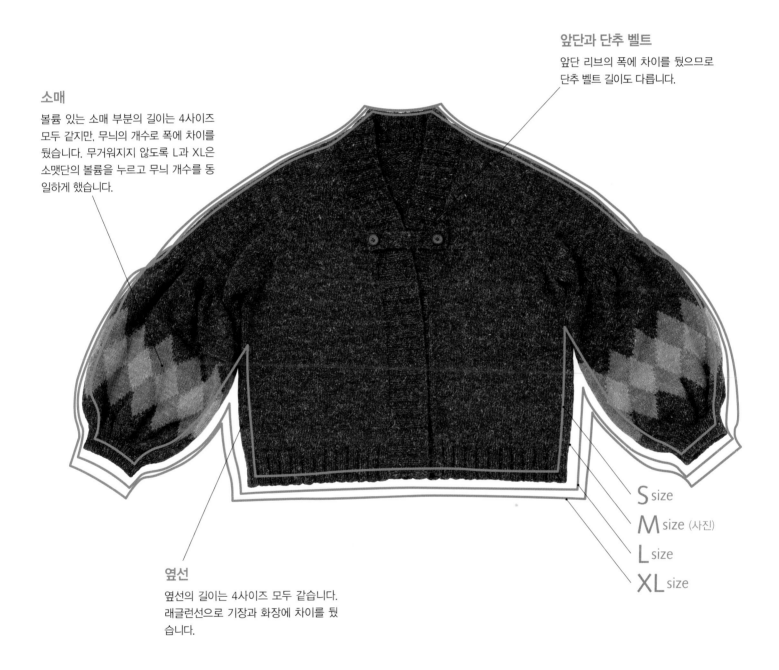

S size
M size (사진)
L size
XL size

옆선

옆선의 길이는 4사이즈 모두 같습니다. 래글런선으로 기장과 화장에 차이를 뒀습니다.

michiyo

어패럴 메이커에서 니트 기획 업무를 하다가 현재는 니트 작가로 활동하고 있다. 아기 옷부터 성인 옷까지, 여러 권의 저서가 있다. 현재는 온라인 숍(Andemee)을 중심으로 디자인을 발표하고 있다.
Instagram : michiyo_amimono

※ 무늬를 기준으로 한 사이즈이므로 치수 차이는 균등하지 않습니다.

겨울에 피는 모티프 꽃

울 실로 뜨는 코바늘뜨기 모티프는
임팩트가 있는 존재감이 강한 액세서리가 됩니다.
다크 컬러의 코트 안에 컬러풀한 털실 모티프 꽃을 피워보세요.

photograph Hironori Handa styling Masayo Akutsu hair&make-up Yuri Arai model Marie

부드러운 내추럴 톤의 사각형 모티프로 만든 볼
레로는 중앙의 입체적인 작은 꽃이 포인트입니다.
모티프를 한 장씩 뜨면서 연결하면 완성됩니다.
변형 모티프도 없고 테두리뜨기도 없어, 니터에
게 친절한 디자인입니다.

Design／가와이 마유미
Knitter／오키타 기미코
How to make／P.138
Yarn／올림포스 플로레스

Blouse／하라주쿠 시카고(하라주쿠/진구마에점)
Jumpsuit／산타모니카 하라주쿠점

그래니 모티프의 변형과 작은 흰 꽃이 악센트인
모티프를 한길 긴뜨기 뜨개바탕에 날개깃처럼 곁
들였습니다. 이 베스트는 귀여움과 편한 착용감
의 조화가 무척 훌륭합니다.

Design／오타 신코
Knitter／스토 데루요
How to make／P.141
Yarn／올림포스 플로레스

Skirt／산타모니카 하라주쿠점
Turtleneck sweater／스타일리스트 소장품

그러데이션 실로 뜬 큼직한 꽃과 단색의 작은 꽃 모티프를 아우른 짧은 기장의 풀오버. 곳곳에 배치한 입체 모티프가 디자인에 약동감을 주는 매력적인 요소가 됩니다.

Design／오쿠즈미 레이코
How to make／P.152
Yarn／고쇼산업 게이토피에로 유야케(yu-yake),
파인 메리노

Skirt／산타모니카 하라주쿠점
Blouse／스타일리스트 소장품

변형 구슬뜨기의 1단만 색을 바꾼 모티프, 그리고 모티프를 연결했을 때의 투명감이 사랑스러운 베스트입니다. 밑단, 목둘레, 소맷부리는 대바늘뜨기의 2코 고무뜨기로 깔끔하게 떴습니다. 코바늘뜨기와 대바늘뜨기의 효과적인 조합이 모티프 잇기의 귀여움을 가다듬어줍니다.

Design／오카 마리코
How to make／P.144
Yarn／고쇼산업 게이토피에로 뉘아주(Nuage)

Pants／하라주쿠 시카고(하라주쿠/진구마에점)
Blouse／스타일리스트 소장품

대지에 흐드러지게 핀 색색의 코스모스. 강약이 있는 배색이 아름다운 블랭킷은 방이나 사무실에서는 따뜻한 무릎 담요로, 가벼운 외출 시에는 살짝 걸치는 숄로 활용할 수 있습니다. 매일매일의 코디에 분명 대활약해줄 거예요.

Design／호비라 호비레
How to make／P.146
Yarn／호비라 호비레 울 큐트

One-piece／하라주쿠 시카고 하라주쿠점

꽃잎이 6장 달린 꽃 모티프를 연결한 머플러는 어른스러운 시크한 배색으로 떴습니다. 모티프 1장은 중심과 꽃잎을 각각 한 단씩 뜨면 완성할 수 있습니다. 오리지널 버전을 충분히 즐긴 뒤에는 다른 컬러로 어레인지하여 또 뜨고 싶어집니다.

Design／호비라 호비레
How to make／P.148
Yarn／호비라 호비레 울 큐트

Blouse／산타모니카 하라주쿠점

예쁜 캔디 컬러를 듬뿍 사용한 물방울 모양의 모티프 블랭킷은 모로코 타일 같은 화려한 존재감이 매력입니다. 좋아하는 소품을 곁에 두면 볼 때마다 사용할 때마다 기분이 좋아지니 신기합니다.

Design／호비라 호비레
How to make／P.150
Yarn／호비라 호비레 울 큐트

Blouse·Skirt／SLOW 오모테산도점
Bangle／산타모니카 하라주쿠점

Sequence Knitting

세실리아의 시퀀스 니팅

photograph Shigeki Nakashima styling Kuniko Okabe, Yuumi Sano hair&make-up Hitoshi Sakaguchi model Viki G.

'겉뜨기와 안뜨기를 같은 시퀀스(배열)로 뜨는' 시퀀스 니팅.
세실리아가 고안한 시퀀스 니팅을 소개하는
기획 연재의 마지막 회입니다.

이 숄 시퀀스는 'K4, P2(겉뜨기 4코, 안뜨기 2코)'
1단 완성형으로 뜹니다. 4코 기초코로 뜨개를 시
작해, 겉면은 2코 남기고, 마지막 2코에 '1코에
2코 넣어 늘림코(kfb)'를 2회, 안면은 1코 남기고,
마지막 1코에 kfb를 1회 합니다. 왕복할 때마다
3코씩 늘리면서 2단마다 배색실을 바꿔서 뜹니다.
겉면과 안면에서 늘림코 수를 바꿈으로써 몸에 두
르는 방법에 따라 다양한 분위기를 연출하는 부등
변 삼각형 숄이 완성됩니다.

Knitter／야기 유코
How to make／P.164
Yarn／퍼피 브리티시 파인

Glasses／글로브 스펙스 에이전트

※kfb(=kint into front and back of stitch) : 1코에 2코
넣어 늘림코(1코에 겉뜨기와 감아코를 해 2코를 뜬다)
※pfbf(=purl into front, back and front of stitch) : 안
뜨기 1코에 3코 넣어 늘림코(1코에 안뜨기와 안뜨기 감아
코, 안뜨기를 해 3코를 뜬다)

이번에는 늘림코와 줄임코를 활용한 시퀀스 니팅을 소개
하겠습니다.

'겉뜨기와 안뜨기 시퀀스를 단 마지막까지 되풀이해 진행
하면서 뜨는' 1단 완성형(1-row method)을 하며 가장
자리에서 늘림코와 줄임코를 넣어 무늬를 비스듬히 이동
시키는 동시에 가장자리의 줄임코/늘림코를 통해 뜨개바
탕을 세모꼴과 평행사변형으로 완성합니다.

두 작품 모두 숄과 스카프로 사용하기 편한 모양입니다.

여기에서는 보는 것처럼 뜨개바탕 시퀀스가 모두 같은 형
태의 'K2, P2(겉뜨기 2코, 안뜨기 2코)'입니다.

A

A. 겉면 +1코/안면 +1코(여기에서는 기초코 2번째 코부
터 시작)

단마다 마지막 코에서 '1코에 2코 넣어 늘림코(kfb)'로
1코를 늘리는 방법입니다. 세모꼴의 양쪽이 균등하게 늘
어납니다.

B. 겉면 +2코/안면 +1코(여기에서는 기초코 4번째 코부
터 시작)

겉면 마지막 2코에 각각 kfb를 해서 2코를 늘리고, 안면
의 마지막 1코에 kfb를 해서 1코를 늘립니다. 변의 길이가
모두 다른 세모꼴이 됩니다.

어느 작품이나 색을 바꿔가면서 뜨면 더욱 재미있겠지요.
이 작품은 2단마다 색을 바꿨습니다.

C. 겉면 +1코/안면 -1코(여기에서는 기초코를 홀수로 시
작)

겉면을 보면서 뜨는 단의 마지막 코에서 kfb로 1코를 늘
리고, 안면을 보면서 뜨는 단의 마지막 코에서 2코 모아뜨
기로 1코를 줄입니다.

2단을 다 뜨면 콧수는 바뀌지 않고 기울기가 완만한 평행
사변형이 됩니다.

B

D. 겉면 +2코/안면 -2코(여기에서는 기초코를 홀수로
시작)

겉면의 마지막 코에서 '안뜨기 1코에 3코 넣어 늘림코
(pfbf)'로 2코를 늘리고, 안면의 마지막에서 3코 모아뜨기
로 2코를 줄입니다. 2단을 다 뜨면 콧수는 바뀌지 않지만
기울기가 급한 평행사변형이 됩니다.

※코를 증감하는 방법은 뜨개코의 느낌에 맞춰서 자유롭
게 해보세요.

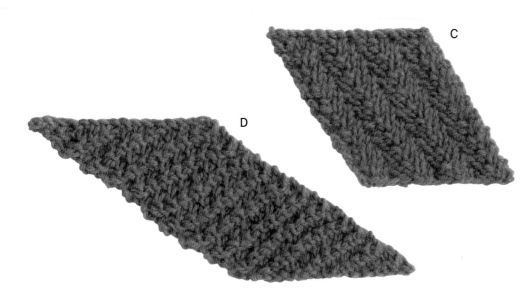

C

D

여기서 소개하는 세모꼴 뜨개바탕은 늘림코를 하면서 넓
게 뜹니다. 실이 한정되어 있거나 크기를 확인하면서 뜨고
싶을 때 이 방법을 추천하는데, 처음에 최대한 많은 콧수
로 기초코를 해두고 같은 요령으로 줄임코만 하면서 떠도
됩니다.

이번에 소개한 늘림코와 줄임코를 활용한 시퀀스 니팅은
옷의 진동둘레나 목둘레 같은 곡선 증감코에는 적합하지
않지만, 직선으로 뜨는 옷이나 옷의 한 부분에 활용하면
재미있습니다.

세실리아의 시퀀스 니팅 어떠셨나요. 같은 손뜨개라도 뜨
는 방법과 다른 접근 방식을 통해 여러분의 손뜨개 레퍼토
리가 늘어나고 손뜨개가 더욱 즐거워졌기를 바랍니다.

세실리아 캄포키아로(Cecelia Campochiaro)
미국 캘리포니아주 실리콘밸리에 거주하고 있다. 오랫동안 컴
퓨터 칩 제조 현장에서 사용하는 특수 현미경 개발에 종사하
면서 텍스타일이나 사진 같은 예술 전반을 깊이 있게 연구했다.
오랫동안 취미로 손뜨개를 하면서 단순한 겉뜨기, 안뜨기를 조
합한 시퀀스로 다양한 느낌의 뜨개바탕이 만들어지는 것에 매
력을 느껴 2010년부터 그 가능성 연구에 더욱 몰두하고 있다.
2015년 첫 손뜨개 책 《시퀀스 니팅(Sequence Knitting)》을
출간했다.

끝없는 설원으로 뒤덮인 새하얀 세계에 파랑과 빨강을 기조로 한 알록달록한 민족의상을 입은 사람들. 발에는 발부리가 젖혀진 신기한 모양의 부츠, 콜트라고 불리는 겉옷의 가슴에는 아름다운 자수 문양. 북유럽 문화에 관심이 있는 분이라면 사미라는 원주민 부족의 모습을 한 번쯤은 본 적이 있을지도 모릅니다. 사미란 노르웨이, 스웨덴, 핀란드 북부, 러시아 콜라반도에 걸친 라플란드라고 불리는 지역에서 살아온 원주민 부족입니다. 고고학적으로는 약 4,000년 전부터 이 땅에 살았던 것으로 추정하고 있습니다. 인구는 약 7만 명으로, 주로 순록 사육, 수렵, 채집, 어업을 하며 살아왔습니다. 사미라고 하면 순록 유목을 떠올리는 분이 많을지 모르지만, 현대의 사미는 한곳에 정착해 살고 순록 사육에 종사하는 인구는 전체의 6% 정도라고 해요. 툰드라와 삼림으로 뒤덮인 북극권은 여름에는 태양이 지지 않는 백야, 겨울에는 태양이 뜨지 않는 극야가 두 달 정도 이어지고, 기온은 영하 30도를 밑돌 때도 있습니다. 사람이 살기에는 혹독한 땅이지만 사미인들은 자연과 공존하면서 독자적인 라이프스타일로 다양한 것을 만들어왔습니다.

전통 의상을 입은 사미족 장로 크무넨과 신성함마저 감도는 새하얀 순록.

세계 수예 기행 라플란드

북극 땅에 전해 내려오는
사미의 수예

취재·글·사진/유키 노부코   편집 협력/가스가 가즈에

천연자원으로 만드는 두오지

사미의 공예품은 두오지(Duodji)라고 불리며 다른 곳에서는 볼 수 없는 매력적인 것들이 많습니다. 먼저 순록은 북극 세계에서 가장 소중한 존재라고 할 수 있습니다. 고기는 식용, 가죽은 옷이나 텐트, 신발이나 벨트 같은 일상에 필요한 온갖 것을 만드는 데 쓰이며 의식주 전반을 지탱하고 있습니다. 뿔과 뼈는 장식품과 바늘통, 스푼과 나이프 케이스가 됩니다.

자작나무 역시 다양한 물건으로 가공해온 빼놓을 수 없는 소재입니다. 목재나 수피는 용기로, 옹두리는 커피잔으로, 뿌리는 바구니나 액세서리로 만들어 사용해왔습니다. 나무뿌리를 짜서 만든 공예품은 로트슬로이드(Rotslojd)라 불리는데, 등피도 쓰이지만 주로 자작나무 뿌리를 사용하고 바구니나 치즈 틀, 액세서리 등을 만들어왔다고 합니다. 특히 지름이 1mm도 되지 않는 아주 가는 뿌리를 치밀하게 짜서 만든 브로치가 눈길을 끕니다. 나무뿌리를 채집하고 가공하기까지의 작업은 무척 손이 많이 가서, 현재 로트슬로이드 장인은 5명 정도밖에 없다고 합니다. 나무뿌리라는 지극히 평범한 소재로 이토록 섬세하고 아름다운 예술을 탄생시키는 걸 보면 사미인들이 보는 세계는 한없이 넓고 심오한 것인가 봅니다.

이렇게 사미는 자연계에서 얻을 수 있는 순록이나 자작나무 같은 천연자원을 실생활에 끌어들여 썼지만, 교역을 통해 외부에서 들어온 것들도 잘 이용해왔습니다. 유럽에서 들어온 울은 원단이나 뜨개 기술을 활용해 민족의상에 적용을 했습니다. 벨트나 구두끈, 손모아장갑에 지역마다 다양한 무늬를 넣어 만들었지요. 또 은이나 주석 같은 금속도 민족의상을 차려입는 데 빼놓을 수 없는 소재로 자리를 잡았습니다. 오래전에는 순록 가죽으로 몸을 감쌌던 사미가 중세 이후 교역으로 손에 넣은 원색 울이나 휘황찬란한 금속 장식을 받아들여 조금씩 화려한 민족의상을 입게 되었다는 사실을 알면 유럽 문화가 사미에 끼친 영향을 가늠할 수 있습니다.

사미의 독자적인 백랍 자수

사미의 수예는 하나하나에 심오한 스토리가 있고 매료되기에 충분한 것들이지만 그중에서도 여성들의 수예인 백랍(퓨터) 자수를 자세히 소개하겠습니다.

백랍 자수는 사미 문화에서만 볼 수 있는 독자적인 것으로 민족의상의 가슴 부분이나 벨트, 지갑, 가방 장식에 활용해왔습니다. 이 자수가 언제 어떤 식으로 탄생했는지는 분명하지 않지만, 스웨덴에서 가장 오래된 백랍 자수는 11세기 것으로 최북단에 위치한 노르보텐주의 한 마을에서 발견됐습니다. 17세기의 백랍 자수는 현재와 기

사미 문화와 라포니아 지역의 자연을 배울 수 있는 아이테박물관. 스웨덴 요크모크에 있다. 마켓 기간에는 민족의상을 입은 사미가 많이 방문한다.
www.ajtte.com

A／Rotslojd의 재료인 자작나무 뿌리(아이테박물관). B／순록 가죽과 끈으로 만든 요람. 여성의 허리에는 가위며 작은 주머니 같은 것이 달려 있다(아이테박물관). C／정교하고 섬세한 사미의 전통 공예품. D／퓨터 자수가 놓인 팔찌와 원래 시계 벨트였던 것을 리폼한 목걸이. E／순록 뿔로 만든 바늘집. 바늘은 중요한 물건이었기에 유목 생활에서는 허리에 달고 다녔다. 남부는 기하학무늬(왼쪽), 북부는 대범한 라인과 모티브(오른쪽)를 그렸다. F／백랍을 만드는 도구와 백랍 자수가 놓인 모자와 벨트. 나뭇가지에 흘려 넣은 주석까지 전시한 구석구석 공을 들인 모습(아이테박물관).

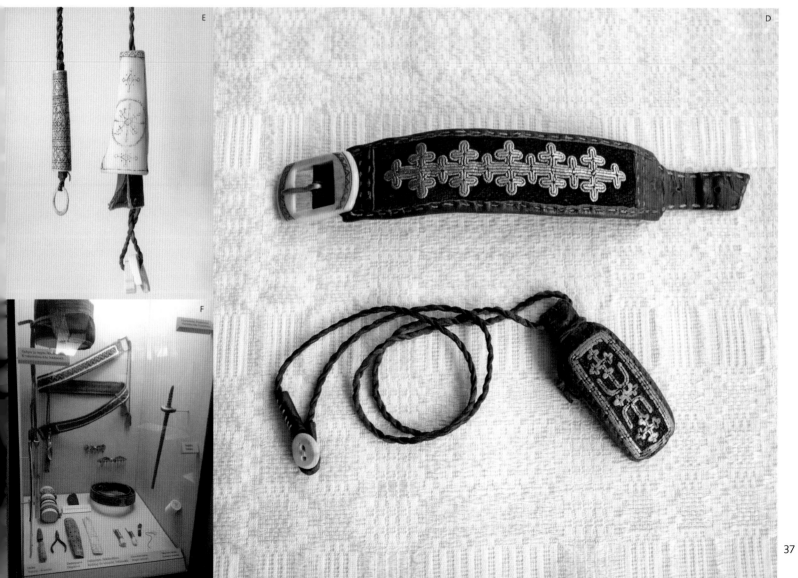

술이 거의 동일하지만, 화려한 장식을 꺼렸던 1840년경부터 1940년경까지는 그 맥이 끊겼었다고 해요. 그렇게 백랍 자수는 오랜 세월에 걸쳐 사람들에게서 잊히는 듯했지만, 스웨덴 사미협회 운동의 선구자인 안드레아스 윌크스(1884~1953)가 어머니의 낡은 자수 도구를 발견한 것을 계기로 백랍 자수를 연구하기 시작해, 노인들의 이야기를 듣고 실험을 거듭해 전통적인 백랍 제작과 백랍 자수 기술을 부활시켰답니다.

백랍(주석 합금) 제작은 먼저 재료인 주석으로 된 볼이나 그릇을 구한 다음 그것을 녹여서 가공하는 것부터 시작합니다. 가느다란 나뭇가지를 반으로 잘라 중심의 부드러운 부분을 제거한 다음 거기에 생긴 골에 주석을 흘려 넣고 봉을 만듭니다. 그런 다음 크고 작은 구멍이 난 순록 뿔로 만든 판자에 그 봉을 여러 번 통과시켜 점점 가늘게 만들고, 방추를 이용해 순록 힘줄에 철사 모양의 주석을 감아서 완성합니다. 필요한 실을 처음부터 직접 만든다는 정신이 아득해지는 작업, 그리고 실을 가늘게 만들기 위한 도구도 손으로 직접 만듭니다. 뭐든 간단히 손에 들어오는 현대사회의 감각으로는 상상할 수 없는 열정과 창조력이 느껴집니다. 그렇게 완성한 백랍은 순록의 힘줄로 고정하며 꿰매는 방법으로 수를 놓습니다.

자수의 무늬는 십자가와 지그재그, 물결무늬와 동그라미를 흔히 사용하며 기하학무늬가 특징입니다. 무늬 하나하나에 특별한 의미는 없는 것 같지만 오래전부터 만들어온 뿔이나 뼈 세공품(특히 남부)의 기하학무늬는 바이킹 시대의 패턴에 영향을 받은 것으로 알려져 있습니다.

사미가 만드는 손모아장갑이나 끈에도 기하학무늬가 자주 등장하므로 백랍 자수에도 기하학무늬가 사용된 것이 자연스러운 흐름이었을지 모릅니다.

민족학자 에리카와의 만남

2017년 겨울, 나고야에서 사미의 민족학자이자 니팅 연구자인 에리카 노르드발 팔크의 강연과 손모아장갑 강습회가 열려 참가할 기회가 있었습니다. 그해 여름 제가 처음 방문한 스웨덴 요크모크에서 '시장의 손모아장갑'이라는 뜨개물 전시를 본 적이 있는데 전시 솜씨가 세련되어 인상에 남아 있었습니다. 그런데 그 전시 기획자가 그녀였다는 걸 알고 무척 놀랐답니다. 에리카와의 인연은 그 후로도 이어져 2019년에 요크모크에서 열린 사미의 윈터 마켓 때 그녀의 자택을 방문하고, 같은 해에 아바시리의 북방민족박물관에서 열린 강습회에서도 재회할 수 있었습니다.

10대부터 손모아장갑을 수집하고 연구해온 에리카를 통해 저는 작업용 손모아장갑을 처음 알게 되었습니다. 특별한 날에 착용하는 여러 배색이 들어간 의례용 손모아장갑은 지금까지 박물관이나 책으로 접해왔지만, 일상에서 착용하는 손모아장갑을 본 건 처음이었어요. 그 장갑은 1947년, 스웨덴 유카스야르비에 있는 교회를 수리할 때 바닥 밑에서 발견되었는데, 실제로 사미가 착용했던 손모아장갑의 복각 디자인입니다. 원작이 매장된 시대는 1700년대로, 지금으로부터 300년도 더 전에 만들어진 것을 유카스야르비에서 교사로 일했던 테레스 토르그림이 복각한 겁니다.

작업용 손모아장갑은 양털 본연의 색인 회색으로만 짰는데, 다소 길쭉하게 짜

마켓에서는 다양한 행사가 열리고 코타(텐트)에서는 사미의 식문화도 체험할 수 있다.

인 손목 부분에는 올록볼록한 양각 무늬가 새겨져 있습니다. 순록 가죽으로 만든 장갑 안에 끼는데, 손목 부분의 무늬가 살짝 드러나도록 합니다. 추운 지방다운 아이디어와 더불어 간소한 손모아장갑 하나에도 작은 멋을 놓치지 않는 모습에 이 고전적인 손모아장갑이 더욱 마음에 들었답니다.

직접 뜬 손모아장갑은 사미 문화 중에서도 주목받기 어려워 그다지 기록되지 않은 분야였지만 에리카의 저서인 《Marknadsvantar》(2018)에서는 스웨덴 북부의 다양한 아름다운 손모아장갑을 소개하고 있습니다. 그녀가 가장 마음에 들어 한 스카이테 마리아의 작업용 손모아장갑은 격자무늬와 줄무늬, 삼각형과 지그재그 등 다양한 모티브가 들어가 뜨는 사람도 즐거워집니다. 2색으로 배색을 넣어 뜨기 때문에 두툼하고 튼튼하게 완성된답니다.

작업용 손모아장갑의 핵심은 손목부터 손가락 끝까지 폭이 같으며 소맷부리가 벌어진 디자인이라는 것! 수리나 수렵, 낚시 같은 작업을 할 때 손을 한 번 툭 터는 것만으로도 쉽게 벗을 수 있지요. 손목에 밀착되는 고무뜨기 디자인으로 만들면 습기가 차서 땀이 나는 탓에 장갑을 바로 벗지 못하고 총을 겨누는 데 시간이 걸려서 사냥감을 놓칠 때도 있다고 해요. 극한의 땅에

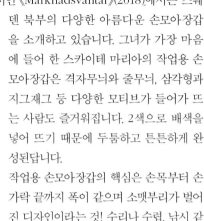

서 이렇게 소맷부리가 벌어진 디자인의 장갑을 쓰면 춥지 않을까 하고 의아했는데, 에리카의 이야기를 듣고 그런 비밀이 숨어 있었구나 하고 납득했답니다. 사미의 뜨개 역사는 그리 오래되지 않았지만, 예전의 뜨개바늘을 순록 뿔로 만들거나, 짐승의 털이나 사람의 머리털을 함께 휘감아 떠서 보온성과 발수성을 높이고, 뜨개 도안을 보지 않고 머릿속에 떠오르는 대로 뜨는 등 무궁무진한 흥미로 가득합니다.

저도 가끔 백랍 자수가 들어간 가방이나 팔찌를 만들거나 사미의 오래된 아이템을 수리하는 일을 하기도 합니다. 실제로 접해보니 오래된 것일수록 봉제가 치밀하고 만듦새도 공을 들여서, 거기에 들인 시간이 지금의 감각과는 다르다는 것을 알 수 있었습니다. 오래된 작품에 매력을 느끼는 것은 만드는 이가 그것에 들인 마음의 순도가 더 높다고 느끼기 때문일지도 모릅니다.

사미는 문자가 없는 민족이지만 얼음이나 눈을 가리키는 말은 무려 300개가 넘는다고 해요. 자연의 도리를 깨치고 자신들도 자연의 일부로 여기는 마음은 우리의 선조들도 다르지 않았을 테지요. 사미의 수예를 보고 있으면 그런 머나먼 기억이 소환되는 듯한 신기한 기분이 듭니다.

전 세계에서 관광객이 몰려오는 400년 이상의 역사를 가진 요크모크의 윈터 마켓. 사미가 순록과 썰매를 끄는 Renrajden은 행사의 메인 이벤트다.

Fancy Mittens
Markkinavanthuita

G／사미 컬러의 의상을 입은 에리카와 남편 오베. 오베는 순록 사육 전문가다. H／에리카의 저서 《Marknadsvantar》. 사진은 영어와 핀란드어 방언(메안키리에)판. I／에리카가 수집한 지역별로 무늬가 다른 손모아장갑. J／에리카에게 배운 작업용 손모아장갑 2종. 오른쪽이 회색만으로 뜬 것이고, 왼쪽이 스카이테 마리아의 격자무늬다. K／'시장의 손모아장갑' 전시. 군더더기 없이 깔끔한 레이아웃. L／가죽 장갑과 털실 손모아장갑은 두 겹으로 착용한다.

Det gamla sättet att sticka

유키 노부코(結城伸子)
조형 작가. 홋카이도에서 태어났고 아이치현에 살고 있다. 2004년부터 표착물과 나무 열매를 재료로 한 작품을 개인전, 그룹전에서 발표하고 있다. 2011년부터 자연에서 영감을 얻은 것들을 형태로 만드는 LAVV로 활동 중이다. 현재는 사미 스타일의 가죽 소품, 바다와 숲의 표본을 도입한 아이템을 제작하고 있다.
www.takonomakura.com

뜨기만 해도 색의 변화를 즐길 수 있는 그러데이션 실은 톱다운 니트와 찰떡궁합. 아름다운 그러데이션이 몸판과 소매에서 끊기지 않고 자연스럽게 이어집니다. 늘림코 옆에 뜨는 꽈배기무늬가 뜨기 쉬우면서도 즐거운 디자인 포인트.

Design／오카 마리코
Knitter／우치우미 리에
How to make／P.166
Yarn／나이토상사 마지아

Pants／하라주쿠 시카고(하라주쿠점)

Top down

위부터 뜰까? 아래부터 뜰까?

둥글게 원형으로 뜨는 풀오버

원형뜨기가 즐거워요.
톱다운과 바텀업 스타일의 심플한 풀오버.
잇기·꿰매기와 소매 연결이 필요 없을 뿐 아니라
몸판과 기장을 뜨면서 자유롭게 조정할 수 있는 것도
놓칠 수 없는 매력입니다.

photograph Hironori Handa styling Masayo Akutsu
hair&make-up Yuri Arai model Marie

Bottom up

몸판과 소매를 각각 원형으로 떠서, 세 부분에서 코줍기를 한 요크를 원형으로 뜨는 바텀업 스타일. 톱다운과 반대로 줄임코를 하면서 뜹니다. 철저하게 계산한 분산 줄임코가 연출해내는 배색의 변화가 니터의 마음을 설레게 합니다.

Design／노구치 도모코
Knitter／도야마 미사코
How to make／P.168
Yarn／나이토상사 에브리데이 솔리드, 마지아

Pants／하라주쿠 시카고(하라주쿠/진구마에점)

LOOOP

취재 : 정인경 / 사진 : 김태훈

LOOOP

실을 활용해 다양한 작업을 하고 있는 뜨개 작가. 대학에서 써피스 디자인을 전공하면서 니팅, 직조, 염색 등의 섬유 공예 공부를 했다. 클래스101에서 양말 클래스를 오픈하면서 만인의 양말 뜨기 선생님이 되었다. 실과 뜨개로 어디까지 표현할 수 있을지 실험하며 편물을 만들고 자기 세계를 표현한다.
인스타그램 @looopstudio

양말 선생님으로 잘 알려진 LOOOP 작가는 양말뿐 아니라 실을 이용한 다양한 아트워크를 만들고 있습니다. 태양계, 창덕궁 등 주제를 정해 장면을 표현하기도 하고, 여러가지 실과 기법을 이용해 질감을 나타내기도 합니다. "니트 조직에서 느껴지는 따스한 텍스처와 편물이 가진 무궁무진한 가능성에 매력을 느껴 지금까지 작업을 이어오고 있어요."

어렸을 적 어머니가 카디건이나 니트를 떠줬던 추억, 뜨개방에서 실을 샀던 경험, 어머니께 뜨개를 배우고 아버지 생신 선물로 목도리를 떠드리고자 고군분투했던 일. 그 시간들 덕분에 그녀에게 뜨개는 친숙한 것이었습니다. 그러다가 뜨개를 본격적으로 시작한 건 대학 졸업 작품을 준비하면서였습니다. "졸업 작품으로 니트 양말을 완성하고 수편기 수업을 수강하면서 뜨개에 더 큰 흥미와 즐거움을 갖게 되었어요. 그때까지만 해도 즐거운 작업을 하는 것과 그것을 생업으로 삼는다는 건 별개라고 생각했지요. 다만 앞으로 뜨개가 제 인생의 좋은 친구가 될 것임은 확실하게 알 수 있었어요."

실과 관련된 작업을 지원하는 낙양모사의 9크리에이터 활동을 하면서 그녀의 작업에는 가속도가 붙기 시작합니다. 양말 뜨기 온라인 클래스를 오픈했고, 니트 디자이너로서 편물의 모양을 실로 표현해내는 아트워크 작업도 하게 되었죠. "양말을 뜨고 남은 실을 이용해, 한정된 재료로 즐거운 조합을 만들어보고 싶었어요. 제가 뜨개로 어디까지 표현할 수 있는지 한계를 테스트해보고 싶기

도 했고요."

어릴 적부터 그림이나 사진으로 장면을 포착하기를 즐겼던 그녀는 일상과 자연에서 만나는 독특한 패턴과 아름다운 컬러를 만나면 그것을 고이 간직해둡니다. 그렇게 모은 것들이 예술의 영감이 되고요. "일상에서 모아둔 아이디어를 저라는 필터로 정제해 표현하고 있어요. 아이디어가 떠오르면 먼저 콘셉트에 맞는 실부터 찾아요. 마음에 들었던 실도 편물로 떠보면 생각과 다른 경우가 꽤 있기 때문에 스와치를 여러 조합으로 만들어보고요. 그리고 나서 제가 설정한 목표에 도달하기까지 작업과 수정을 계속 반복합니다."

쉬이 지나가 버리는 찰나의 순간의 아이디어를 포착해 구체화하는 수단으로 뜨개를 사용하는 것. 결국 그녀가 보고 느꼈던 것이 그녀를 이룬다고 하면 그것을 편물로 표현하는 작업 역시 온전히 그녀를 드러내는 것이 아닐까 하는 생각으로 작업을 이어갑니다. 앞으로도 양말, 니트 등 실용적인 작품 작업과 수편기를 이용한 아트워크 작업을 병행하면서 다양한 시도를 해볼 것이라 합니다. 나중에는 섬유로 만드는 물건은 뭐든 자급자족하면서 살아가는 것을 목표로 지금의 호흡과 리듬을 유지하며 오래 뜨개를 하는 것이 목표라고 하니, 앞으로 LOOOP 작가의 손에서 어떤 작품이 탄생할지 지켜보는 것도 뜨개인에게는 하나의 재미가 되겠지요.

1

2

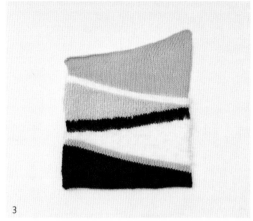

3

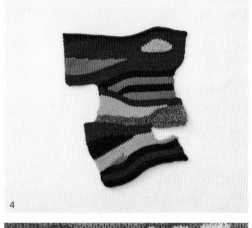

4

7

5

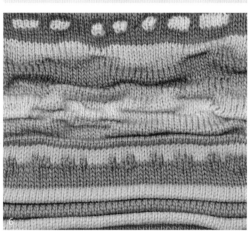

6

8

매일 지니고 다니는 뜨개 파우치.

새롭게 뜨고 있는 양말.
발등과 발바닥의 배색이
교차로 나오는 것이 특징이다.

1／선명하고 사랑스러운 색감으로 입체적 질감을 표현했다. 2／창덕궁 시리즈. 여러 실을 사용하여 창덕궁의 담과 지붕을 담아냈다. 3／따스한 색감에 여러 재질을 사용한 보송보송한 편물. 4／땅과 지평선, 하늘과 구름을 재밌는 형태로 담아낸 작업. 5／색을 조합하고 질감을 드러내는 일이 이 작업의 핵심이다. 6／메리야스 뜨기만으로도 울퉁불퉁 입체감을 드러낼 수 있다. 7／과감한 실들의 조합을 통해 나타낸 지구와 태양. 8／작업 중인 편물의 모습. 깔끔하게 실 정리를 하고 나면 작품으로 탄생한다.

Color Palette

원형으로 만드는, 원형으로 뜨는 니트 소품

'원형'이 되는 모양이 포인트인 겨울 소품을 소개합니다.
원형으로 만들면 사용하기 편하고, 원형으로 뜨면 뜨기 쉽습니다.
쭉 이어지는 디자인을 즐겨보세요!

photograph Shigeki Nakashima　styling Kuniko Okabe,Yuumi Sano
hair&make-up Hitoshi Sakaguchi　model Viki G.

Beige
이제는 겨울 니트 소품에 빠질 수 없는
아이템이 된 스누드. 머플러를 뜨는 요령
으로 뜬 뒤 처음과 끝을 연결해 원형으
로 만드는 타입으로, 원하는 길이로 뜰
수 있다는 점이 매력입니다.

Design／오쿠즈미 레이코
Knitter／마노 아키요
How to make／P.170
Yarn／올림포스 시젠노쓰무기

Khaki
원형으로 뜨다가 엄지 부분만 왕복으로
뜹니다. 여름 트렌드였던 암워머는 이번
겨울에도 대주목! 길게 만들거나 퍼를 덧
대는 등 즐겁게 어레인지해도 좋겠지요.

Berry
최적의 길이감으로 목을 꾸며주는 넥워
머는 원형으로 뜨는 타입입니다. 겉면을
보면서 둥글게 기호도대로 뜰 수 있어서
무늬뜨기 초심자에게도 추천합니다.

Charcoal
손쉽게 멋스러운 헤어스타일을 연출해주
는 니트 헤어밴드는 증감 없이 떠서 원형
으로 만드는 타입입니다. 꼬인 모양이 되
게 고정한 이음매가 귀여운 포인트인 디
자인입니다.

Gray
방안에서도 바깥에서도 추위로부터 다
리를 보호해주는 레그 워머. 부츠 위로
살짝 보여도 귀여운 삼각형 무늬는 원형
으로 뜹니다.

귀신은 밖으로, 복은 안으로

새로운 계절이 시작되기 전날을 가리키는 세쓰분,
입춘 전날은 아이들이 아주 좋아하는 전통적인 이벤트가 등장할 차례예요!
최근에는 입춘 김밥에 인기가 밀리는 느낌이지만, 구호를 외치면서 한 해의 복을 빌어보아요.

photograph Toshikatsu Watanabe styling Terumi Inoue

도깨비들

세쓰분(節分)의 조금 불쌍한 주인공인 빨강 도깨비
와 파랑 도깨비. 구불구불한 곱슬머리(눈썹이 포인
트!)와 호랑이 무늬 팬츠가 험상궂지만 미워할 수
없는 사랑스러움이 있지요.

Design／마쓰모토 가오루
How to make／P.172
Yarn／하마나카 아메리, 메리노 울 퍼

콩과 되

어릴 적엔 나이 수만큼밖에 못 먹는 것이 서러웠지만
이제는 반대로 나이를 속이고 싶어지는 후쿠마메(복
콩). 되에는 큼직하게 복(福) 자를 새겨주었어요.

Design／마쓰모토 가오루
How to make／P.172
Yarn／하마나카 하마나카 순모 중세, 피콜로

새해를 맞이해 오곡 풍년을 기원하고 액운을 다스리는 의식인 마메마
키(콩 뿌리기). 음력으로 입춘은 한 해의 시작입니다. 입춘 전날인 세
쓰분은 일본의 전통 행사 중에서도 특히 중요하게 여겨지는데요, 많
은 절에서 연예인이나 스모 선수들이 콩을 뿌리는 모습이 뉴스에 나
오기도 합니다. 보통 '귀신은 밖으로!'라고 외치며 콩을 뿌리지만, 귀
신을 모시는 절에서는 '귀신은 안으로'라든가 '귀신도 안으로'라고 외
치기도 한다네요. 이렇게 무시무시한 쇠몽둥이를 든 도깨비라면 현관
입구에서 분명 액운을 날려버려 주겠지요. 올해의 콩은 뜨개 콩으로
만들어보면 어떨까요? 맞아도 아프지 않고 방안에 뿌려도 죄책감이
없는데다 무엇보다 내년에도 쓸 수 있으니 지속 가능한 이벤트 소품이
될 거예요.

마르티나의 양말

독일식 Sock knitting

다양한 뜨개법이 있는 양말 뜨기.
이번에는 우메무라 마르티나가 심플한 독일식 양말을 떠주었어요.

photograph Toshikatsu Watanabe styling Terumi Inoue model Kenichi, Miyako, Minami

여성용 사이즈 양말은 해 질 녘 하늘처럼 꼭
두서니 빛에서 오렌지색으로 물드는 아름다
운 그러데이션과 세련된 그레이가 섞인 컬러
로 떠보았어요. 보고 있는 것만으로도 포근해
지는 기분이 듭니다.

Design／우에무라 마르티나
Knitter／스즈키 히로미
How to make／P.174
Yarn／KFS 프로 라나 스위스 시리즈

아이용 양말은 그러데이션 실의 무늬가 들어
간 방식이 조금 달라 보이네요. 남성용 사이
즈 양말은 차분한 색감으로 떴어요. 직접 떠
서 발에 착 감기는 느낌이 각별합니다.

Design／우에무라 마르티나
Knitter／스즈키 히로미
How to make／P.174
Yarn／KFS 프로 라나 스위스 시리즈

Let's knit!
마르티나와 떠보자
독일식 양말 뜨는 법

이 양말은 그러데이션 털실의 무늬를 살리기 위해 메리야스뜨기로 발을 넣는 입구부터 떠었어요.
이번에는 줄바늘을 사용해 매직루프로 떴지만, 바늘 5개(또는 4개)로도 가능합니다.

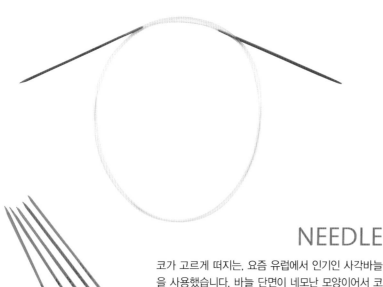

NEEDLE

코가 고르게 떠지는, 요즘 유럽에서 인기인 사각바늘을 사용했습니다. 바늘 단면이 네모난 모양이어서 코와 바늘 사이에 약간의 틈이 생겨요. 이 틈으로 바늘이 부드럽게 들어가 술술 뜰 수 있지요. 일본산 대나무를 사용한 사각바늘은 현재 KFS 제품만 있어요.
이번에는 줄바늘을 사용해 매직루프로 떴지만, 바늘 5개로도 가능합니다.

YARN

신제품인 'KFS 프로 라나 스위스 시리즈' 털실을 사용했습니다. 세탁해도 색이 잘 빠지지 않고 잘 줄어들지 않는 삭스 얀이에요. 망에 넣으면 세탁기 사용도 가능해 관리도 무척 쉬워요.
신축성 있는 스트레치 소재이기 때문에 조금 굵은 바늘을 사용해 조금 적은 콧수로 뜰 수 있어요. 완성한 후의 착용감도 더할 나위 없이 좋습니다.

point
발뒤꿈치 뜨는 법

☆ 발뒤꿈치(안면) ★
발목 / 쉼코

중앙의 코

중앙의 코

1
발목을 지정한 단수만큼 원형뜨기를 합니다. 콧수의 절반을 줄바늘 코드(줄)에 쉬어 두고, 발뒤꿈치를 왕복뜨기로 뜹니다.

2
발뒤꿈치의 콧수를 3등분한 다음 중앙의 코를 왕복뜨기하면서 좌우 코가 없어질 때까지 1코씩 줄이면서 뜹니다.

3
좌우 코가 없어졌으면 중앙의 코를 뜬 다음 ★에서 코를 주워 쉼코를 뜨고, ☆에서 코를 줍습니다.

4
코를 모두 주운 모습(안면에서 본 상태). 여기서부터는 원형뜨기로 발바닥, 발등, 발가락을 기호도대로 뜹니다.

우메무라 마르티나(梅村マルティナ)
니트 크리에이터. 독일에서 태어났다. 1987년 의학 연구자로 일본을 방문했다. 2011년 동일본대지진을 계기로 미야기현 게센누마시에 니트 회사를 설립하고 대표를 맡았다.
梅村マルティナ気仙沼FSアトリエ(KFS)
www.kfsatelier.co.jp/

마르티나로부터
양말을 뜨는 법은 다양하지만, 이번에는 아주 단순하고 정통적인 양말 입구부터 뜨는 방식입니다. 양말 뜨기가 처음인 사람들도 이해하기 쉬워 추천하는 방식이니 꼭 떠보세요. 이번에 사용한 실은 신축성 있는 실로 뜨기 쉬울 뿐 아니라 발에 착 감겨서 아주 편하답니다.

세련된 정장과 외출용 원피스

한껏 멋을 부리고 외출하고 싶은 이벤트가 풍성한 겨울철.
직접 만든 귀중한 니트를 입고
행복으로 가득한 거리를 걸으면 시선을 한몸에 받겠지요!

photograph Hironori Handa   styling Masayo Akutsu
hair&make-up Yuri Arai   model Mari

모노톤으로 시크하고 우아한 분위기가 물씬
풍기는 니트 정장. 타탄체크풍 무늬의 세로
라인은 빼뜨기 스티치로 마무리합니다. 주름
이 생기지 않고 다른 옷들과 코디하는 즐즐
거움이 있는데다 여행복으로도 안성맞춤.

Design／오카모토 마리코
How to make／P.176
Yarn／다이아몬드 케이토 다이아 보르도
다이아 태즈메이니언 메리노
Bag／하라주쿠 시카고(하라주쿠/진구마에점)

심플한 한길 긴뜨기 베이스의 뜨개바탕을 연결한 코바늘뜨기 패치워크가 레트로한 감성을 더하는 귀여운 니트 원피스. 빈티지한 느낌을 더욱 강조해주는 이치마쓰무늬의 테두리도 매력 포인트입니다.

Design／오카모토 데쓰코
Knitter／미야모토 히로코
How to make／P.157
Yarn／다이아몬드케이토 다이아 보르도
다이아 미사, 다이아 도미나

Bag·Bracelet／Slow(오모테산도점)

Yarn Catalogue

가을·겨울 실 연구

이번 시즌, 어떤 실을 뜨고 있나요?
추천하는 실이 아직 더 있답니다!

photograph Toshikatsu Watanabe styling Terumi Inoue

차스카
퍼피

'하늘의 별'을 뜻하는 이 실의 이름은 페루의 원주민이 쓰는 말에서 따왔어요. 촉촉하고 부드러운 촉감은 베이비 알파카라서 경험할 수 있는 특별한 것이지요. 고상하고 차분한 느낌으로 작품이 완성되는 것도 매력적입니다.

Data
알파카 100%(베이비 알파카 100%), 색상 수／5, 1볼／50g, 약 100m, 실 종류／합태, 권장 바늘／4~6호(대바늘), 5/0~6/0호(코바늘)

Designer's Voice
실타래가 손에 닿는 순간 고급스러움이 느껴질 정도로 부드러운 촉감이에요. 알파카 특유의 촉촉함이 손가락에 전해져 뜨는 내내 행복한 기분을 느낄 수 있어요. (시모키타자와점)

트윗
퍼피

작은 새들의 즐거운 지저귐이나 사람들의 수다스러운 재잘거림을 의미하는 이 실의 이름은 아름다운 색들이 춤을 추듯 두둥실 떠오르는, 폭신폭신한 모양에서 영감을 받았습니다. 소품부터 의류까지 소재를 살린 단순한 편물을 즐길 수 있어요.

Data
울 40%(엑스트라 파인 메리노 100%)·모헤어 36%(슈퍼 키드 모헤어 100%)·나일론 13%·코튼 11%, 색상 수／6, 1볼／40g, 약 95m, 실 종류／극태, 권장 바늘／10~12호(대바늘), 10/0호~7mm(코바늘)

Designer's Voice
여러 컬러가 자꾸 변해가니 뜨고 있으면 즐거워져요. 폭신폭신하고 가벼운 실이기 때문에 의류에도 소품에도 폭넓게 사용할 수 있어요. (시모키타자와점)

 시젠노쓰무기
올림포스

피부에 닿는 것이니만큼 자연 소재를 고집하고, 세탁
해도 쉽게 늘어나거나 줄어들지 않게 가공한 울과 면
을 믹스한 실입니다. 단순하게 떠도 은근한 멋을 즐길
수 있는 면 혼방 소재이니 여름을 제외한 모든 시즌에
즐겨주세요.

Data
울(방축 가공·워셔블) 70%·면(수피마) 30%, 색상
수／8, 1볼／50g, 약 134m, 실 종류／합태, 권장 바
늘／5～6호(대바늘), 5/0～7/0호(코바늘)

Designer's Voice
소박한 외관처럼 따뜻하면서도 산뜻한 질감이었어요.
실에 탄력이 있어서 대바늘로 떴을 때 베이직한 편물
과 궁합이 좋아 보입니다. 울 특유의 깔끄러움을 싫어
하는 분들도 무난하게 사용할 수 있습니다. (오쿠즈미
레이코)

플로레스
올림포스

로열 베이비 알파카와 메리노 울을 믹스해 촉감이 뛰
어나며 폭신하고 가벼운 무게감으로 마무리되는 고급
소재의 실입니다.

Data
알파카(로열 베이비 알파카) 60%·울(메리노 울) 40%,
색상 수／8, 1볼／40g, 약 136m, 실 종류／중세, 권
장 바늘／4～6호(대바늘), 4/0～6/0호(코바늘)

Designer's Voice
피부를 부드럽게 감싸는 포근함이 느껴지는 실로 가벼
운 무게감으로 마무리됩니다. 대바늘은 물론이고 다소
무겁게 마무리되기 쉬운 코바늘로 뜨더라도 무겁지 않
아서 추천합니다. (오타 마코)

뉘아주(Nuage)
고쇼산업 케이토다마 피에로

엑스트라 파인 메리노를 듬뿍 사용해 사르르 녹는 듯한 매끈함과 부드러움을 가진 실입니다. 쫀득한 탄력과 매끈한 촉감이 사치스러운 기분마저 들게 합니다.

Data
울(엑스트라 파인 메리노) 98%·캐시미어 2%, 색상수／16, 1볼／40g, 약 70m, 실 종류／병태, 권장 바늘／7~9호(대바늘), 6/0~8/0호(코바늘)

Designer's Voice
캐시미어가 섞여 가볍고 살에 닿는 느낌이 좋은 실이에요. 꼬임을 약하게 준 약연사지만, 살짝 기모 처리가 되어서인지 갈라짐도 없고 대바늘과 코바늘 모두 사용하기 좋았어요. (오카 마리코)

유야케(yu-yake)
고쇼산업 케이토다마 피에로

타래에서 볼로 변경하며 새롭게 태어난 '유야케'. 100g에 한 손 가득 차는 빅 사이즈. 폭신하고 소프트한 질감의 방축 울입니다. 부드럽게 떠지고 오래오래 사용할 수 있어 의류를 뜨기에 좋아요. 해 질 녘의 정경을 그대로 담은 듯한 박력 있는 그러데이션을 즐겨주세요.

Data
울(방축 울) 100%, 색상 수／7, 1볼／100g, 약 376m, 실 종류／중세, 권장 바늘／3~4호(대바늘), 2/0~4/0(코바늘)

Designer's Voice
지나치게 튀지도 지나치게 밋밋하지도 않아 어디든 활용하기 좋은 색감입니다. 실은 가는 편이지만 부드럽고 폭신해 바늘 호수를 폭넓게 커버할 수 있고 굵기가 다른 실과 조합해도 문제없었어요. 1볼의 용량이 커서 큰 작품에도 사용해보고 싶습니다. (오쿠즈미 레이코)

SLOW MELODII

KNITTING STUDIO

slowmelodii.com
@slowmelodii

느리지만 괜찮은 이 취미,
함께 떠봐요 우리.

I move a little slow, but that's OK.

전문가 추천!
올 겨울을 책임질 겨울 뜨개실

리네아, 코와코이로이로, 브랜드얀에서 제안하는 올 겨울에 쓰기 좋은 실!

취재 : 정인경 / 사진 : 김태훈

리네아
추천!

더블 선데이
(DOUBLE SUNDAY)
산네스 간

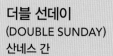

1888년 노르웨이 산네스 지역에서 시작된 원사 브랜드 산네스 간의 스테디셀러. 세계적으로 큰 인기를 얻은 니트 도안 디자이너 쁘띠니트(PetiteKnit)가 사용한 원작실로 더 유명해요. 산네스 간의 베스트셀러인 선데이를 2배 굵기로 제작한 실로, 100% 메리노 울로 제작되어 부드럽고 가벼운 니팅감을 느낄 수 있습니다. 마일드한 색감과 더불어 눈에 띄는 포인트 색상까지 18개의 색으로 나만의 니트를 뜰 수 있어요.

Data
메리노 울 100%, 색상 수／18, 실 중량／50g, 실 길이／108m, 권장 바늘／3.5～4mm(대바늘)

이렇게 써봐요!
적당한 두께감과 색상. 부드러운 터치가 뜨개하는 손을 더 기분 좋게 만들어주니 의류부터 소품까지 두루 쓰기 좋아요.

코나
(KONA)
리네아

리네아 메이드 실로 특허받은 패브릭 얀. 가벼움과 부드러운 촉감이 이 실의 특징입니다. 적당한 밀도로 들어찬 솜 덕분에 다른 패브릭 얀보다 손목에 무리가 덜 가서 초보자도 쉽게 뜰 수 있는 손목 넘김을 느낄 수 있습니다. 완성된 편물은 쫀쫀하고 폭신해요. 가방, 러그, 소품, 클러치, 의류 등 다양한 작품을 떠볼 수 있는 실. 총 36색의 다양한 컬러 안에는 선명한 색상과 그런지한 색상이 섞여 있어 취향에 맞춰 색을 고를 수 있습니다.

Data
아크릴 45%·면 37%·나일론 18%, 색상 수／36, 실 중량／65g, 실 길이／약 68m, 권장 바늘／5～7mm(대바늘), 6～8호(코바늘)

이렇게 써봐요!
최고급 면 소재를 사용했기 때문에 시간이 지나도 면이 피어오르거나 쉽게 뜯어지지 않아요. 솜을 채워넣어 통통한 인형을 만들어보는 건 어떨까요?

체비엇 울
(Cheviot Wool)
다루마

체비엇 울은 잉글랜드와 스코틀랜드의 경계에 위치한 체비엇 구릉 지대에 서식하는 양들에 붙여진 이름으로. 영국의 양털입니다. 기온이 낮고 바위나 돌이 많은 척박한 자연환경 속에서 자란 양들의 모질은 탄력 있고 내구성이 좋습니다. 체비엇 울은 폭신하고 가벼운 실이지만 적당히 거친 질감이 살아있어 편물의 형태가 잘 뭉그러지지 않는 특징이 있으며, 무늬의 짜임이 선명하게 잘 표현됩니다.

Data
체비엇 울 100%, 색상 수／10, 실 중량／50g, 실 길이／92m, 권장 바늘／4〜4.5mm(대바늘), 7〜8호(코바늘)

이렇게 써봐요!
문양을 선명하게 잘 표현해주는 체비엇 울의 특성은 아란무늬나 꽈배기무늬가 들어간 도톰한 스웨터 혹은 카디건을 뜰 때 제일 잘 드러나요!

코와코이로이로 추천!

메리노 워스티드
(Merino Worsted)
다루마

손뜨개용으로 최적이라 여겨지는 섬세한 마이크론 타입의 메리노 울을 엄선해 만든 실입니다. 털실을 만들기 전에 양모를 염색하기 때문에 부드럽고 폭신한 질감을 가지고 있습니다. 초보자부터 상급자까지 모두 편안하게 사용하기 좋은 가장 스탠다드한 털실입니다. 다루마 메리노 울은 DK와 워스티드(Worsted) 2가지의 굵기가 있어 필요에 따라 선택할 수 있습니다.

Data
울 100%, 색상 수／12, 실 중량／40g, 실 길이／65m, 권장 바늘／4.5〜5.5mm(대바늘), 8〜9호(코바늘)

이렇게 써봐요!
자극이 없고 부드러워 양모 실에 민감한 사람도 편하게 입을 수 있는 실이에요. 다루마 패턴북에 나오는 풀오버를 떠서 입으면 따뜻한 겨울을 보낼 수 있어요.

모락 모헤어
(Morac Mohair)
낙양모사

모헤어 중에서도 가장 고급인 키드 모헤어와 실크 중에서 최고급인 멀버리 실크를 사용한 제품입니다. 남아프리카의 원사를 이용해 국내에서 제작됩니다. 맨살에 닿아도 부담스럽지 않은 터치감과, 실크 심지의 은은한 광택이 편물에 한층 고급스러움을 더해줍니다. 26가지의 다양하고 아름다운 색상이 준비되어 있어 보다 폭넓은 작품을 만들어볼 수 있습니다.

Data
키드 모헤어 69%·멀버리 실크 31%, 색상 수／26, 실 중량／25g, 실 길이／252m, 권장 바늘／2～2.5mm(대바늘), 2호(코바늘)

이렇게 써봐요!
낙양모사의 어울림, 아임울2 등 울실과 합사하여 더욱 포근하고 따뜻한 스웨터를 만들어보세요. 자극이 덜하고 고급스러워 어떤 작품을 만들어도 만족스러울 거예요.

브랜드얀
추천!

아임울 4합
(I'm Wool 4)
낙양모사

아임울 2합과 함께, 메리노울 100%의 실로 가볍고 내추럴한 느낌이 가득한 제품입니다. 특히 4합은 단독으로 스웨터를 뜨기에 딱 좋은 굵기로, 아임울4 하나만으로도 겨울을 즐길 수 있는 다양한 아이템들을 만들 수 있습니다. 뜰 때 손에 감기는 느낌이 좋고, 세탁 후에 모양도 잘 잡혀 케이블, 배색, 플리츠 등 다양한 디자인을 표현할 수 있는 활용도가 높은 실입니다. 용도, 디자인에 따라 아임울2 또는 아임울4로 선택해서 사용할 수 있습니다.

Data
울 100%, 색상 수／24, 실 중량／80g, 실 길이／145m, 권장 바늘／4.5～5.5mm(대바늘), 7～8호(코바늘)

이렇게 써봐요!
누구나 쉽게 접근할 수 있는 도톰한 두께에 부드럽고 따뜻하니, 카디건, 스웨터 등 겨울 의류를 뜨기 딱 좋아요.

자이언트 얀 벨벳
(Giant Yarn Velvet)
브랜드얀

폭신한 솜이 가득 차 있어 풍성한 느낌의 자이언트 얀.
자이언트 얀 벨벳은 솜을 벨벳으로 감싼 디자인의 뜨개 실로, 다양한 느낌의 연출이 가능합니다. 슈퍼 청키사이즈의 굵기로 손으로 엮는 핸드 니팅 기법을 사용하거나 자이언트 얀용 굵은 바늘을 사용해요. 초보자도 30분~1시간이면 가방, 쿠션 등의 간단한 소품을 만들 수 있어, 처음 뜨개를 시작하는 사람에게 추천합니다!

Data
데릴렌, 스판덱스, 색상 수／21, 실 중량／약 500g, 실 길이／약 16m, 권장 바늘／핸드 니팅

이렇게 써봐요!
부드러운 벨벳 촉감을 한껏 느낄 수 있는 커다란 담요를 떠보는 건 어떨까요? 슈퍼 청키 굵기라서 금방 금방 완성되니 시간 가는 줄 모르고 즐겁게 만들 수 있어요.

코튼 쿠키 미니콘 18합
(Cotton Cookie)
브랜드얀

100% 면사를 다중 꼬임으로 연사하여 탄탄하고 힘있게 만든 코튼 쿠키. 가방, 카펫, 매트 등 모양을 유지해야 하는 다양한 소품들을 만들기에 좋은 면 콘사랍니다. 면 콘사는 보통 대용량으로 판매되는데, 코튼 쿠키는 딱 가방 뜨기 좋은 중량으로 제작하면서 질은 높이면서 합리적인 가격을 붙였어요. 일명 가성비 실! 손세탁이 가능하다는 점도 큰 장점입니다.

Data
면 100%, 색상 수／54, 실 중량／260g, 실 길이／570m, 권장 바늘／3～5호(코바늘)

이렇게 써봐요!
탄탄하게 모양 잡기 좋은 실이니 평소에 편하게 들 수 있는 가방을 떠봐요. 멋스러운 문양으로 구멍이 나 있는 네트 백이면 좋을 것 같아요.

상생의 가치를 전합니다, 플레이스 낙양

취재 : 정인경 / 사진 : 김태훈

서울 녹사평에 위치한 플레이스 낙양. '제조사와 판매자, 창작자 간의 상생'을 가장 중요한 가치로 생각하는 기업 낙양모사가 협업하는 작가들을 지원하기 위해 꾸린 공간이다. 이곳에는 실을 체험하고 뜨개, 수업 등을 진행할 수 있는 '플레이스 낙양', 작가의 작품을 전시하는 '갤러리 실', 작품 사진 촬영을 지원하는 '스튜디오 낙양' 등 용도에 따른 다양한 공간이 마련되어 있다. 뜨개하는 사람이라면 그냥 지나칠 수 없는 이곳, 플레이스 낙양을 방문해 마케팅부 이승재 팀장과 이야기를 나누었다.

Q. 공간이 참 멋져요. 플레이스 낙양은 어떤 곳인가요?

저희가 이곳 녹사평에 공간을 낸 지는 3년 정도 되었어요. 애초에 공간 기획 의도 자체가 실이나 제품 판매를 염두에 둔 것은 아니었지만, 코로나 상황이 길어지면서 몇 번이나 계획한 홍보나 이벤트가 무산되었어요. 공간을 열자마자 바로 코로나 상황이 되어버렸으니, 그저 조용히 운영하며 기다리는 것밖에 할 수 있는 게 없더라고요. 외부에 알려진 정보가 적어서인지 처음 이곳을 방문하시는 분들은 꼭 여기가 뭐 하는 곳이냐고 물어보시곤 해요(웃음). 간단하게 설명해드리면, 이곳 플레이스 낙양은 소비자가 실을 직접 만져보거나 체험할 수 있고, 낙양모사의 실을 이용하는 작가들이라면 개인 작업도 하고 수업도 할 수 있는 곳이에요.

Q. 그럼 낙양모사의 실을 구매한 적이 있는 사람이라면 누구나 와서 이용할 수 있는 건가요?

실을 체험하고 구매하시는 것은 누구나 가능해요. 저희 실을 사용 중이라면 오셔서 뜨개를 하다 가셔도 좋고요. 다만 판매가 주 목적인 공간은 아니라서 구매하고자 하는 실의 재고가 없을 수도 있어요(웃음). 이곳에서 현재 낙양모사에서 생산되는 실의 전 제품, 전 색상을 실제로 볼 수 있습니다. 구매자분들이 많이 사랑해주시는 저희 제품 중 여름 실인 '아사태사', 겨울 실인 '어울림'까지 모두 만져보고 선택할 수 있으니까 실을 구매하려는 분들에게는 유용한 공간이지요. 지금도 새로운 색상의 실이 계속 출시되고 있고요, 특히 어울림은 뮬징프리(mulesing free : 양모를 얻기 위해 양을 학대하는 뮬징을 행하지 않는 방식) 라인까지 직접 살펴보실 수 있어요. '오선'이나 '선셋' 같은 독특한 테이프 얀도 준비되어 있고요. 무엇보다 새로운 실, 시장에 없는 실을 많이 선보이려고 해요.

Q. 낙양모사는 국내 실 회사 중에서도 역사가 깊은 곳이라고 알고 있는데, 지금까지 걸어온 길이 궁금해요.

낙양모사는 1960년에 처음 문을 열었어요. 당시에 가내수공업으로 뜨개질을 하던 우리네 어머니들에게 실을 공급하는 회사였죠. 그러다 70년대에 들어서면서 대량 생산이 시작되고 더 이상 옷을 만들어 입을 필요가 없어지자, 뜨개의 아날로그적인 면에 집중하기 시작했어요. 모든 제품을 국내에서 생산하고, 퀄리티를 높이는 것을 우선 과제로 삼았죠. 이후 총판을 두고 오프라인 위주로 실을 판매하다가 2010년대로 넘어오면서 본격적인 홍보 마케팅을 시작했어요. 보통 실이라고 하면 크게 2가지로 나뉘어요. 기계로 옷을 만드는 실인 기편과 우리가 손으로 뜨는 뜨개 실인 수편. 저희는 두 가지 실 모두 제작을 하는 회사이지만 수편 쪽으로 보다 집중해서 홍보를 하고 있고, 특히 국내에서 생산하는 실 제품에 큰 비중을 두고 있어요.

Q. 역사가 오래된 회사이다 보니 시장이 변하고, 그에 맞춰 새로운 모습을 만들어가는 데도 고민이 많으셨겠어요.

기존에는 저희가 오프라인 중에서도 B2B 거래만 하는 곳이다 보니 소비자와의 직접적인 접점이 없었어요. 브랜드 홍보를 시작하던 초반에는 유튜브 채널 운영, 직속 디자이너의 도안을 활용한 패키지 제작 등 다양한 아이디어가 나왔는데, 제조사인 저희가 그렇게 방향을 잡으면 기존 파트너분들(작가, 판매자 등)의 영역을 침범하게 된다고 생각했어요.

그래서 우리는 그런 것들은 하지 않기로 했어요. 물론 앞으로도 하지 않을 생각입니다. 그 대신 더 좋은 상품을 개발하고, 좀 더 실 자체에 집중하고자 해요. 지속적으로 좋은 상품을 개발하고 생산하는 일을 열심히 하면, 결국 소비자와 저희를 만

1／낙양모사의 모든 실을 살펴볼 수 있는 실 진열장.
2／클래스나 프라이빗 모임을 진행하기 좋은 회의실.
3／실을 살펴보며 원하는 실을 적어서 매니저에게 주면 재고를 찾아준다.

나게 하는 일은 작가와 유통사가 해주는 것이더라고요. 제품이 작품으로 완성되는 건 결국 창작자의 손을 통해서니까요. 그래서 저희가 궁극적으로 지향하는 마케팅의 방향은 창작자들의 활동을 지원하고, 그들을 응원하는 거예요.

Q. 그런 낙양모사의 가치를 이어가는 문화 공간이 플레이스 낙양이군요!
맞아요. 아직은 거창하게 문화 공간이라고까지 할만한 건 아닌 것 같지만요(웃음). 앞에서도 언급했듯이 이곳은 제품을 판매하기보다는 소개하는 데 중점을 둔 공간이에요. 낙양의 실을 사용하는 작가님들을 위한 공간은 모두 무료로 제공됩니다. 또한 작가님들 각자의 브랜드와 작품을 효율적으로 홍보할 수 있도록 촬영 지원도 하고 있어요. 플레이스 낙양에서는 클래스 룸을 제공하고, 갤러리 실에서는 전시실을, 스튜디오 낙양에서는 촬영 서비스를 제공하는 거죠. 스튜디오 낙양에는 촬영을 해주시는 매니저님이 상주해 계셔서, 스스로 사진을 잘 못 찍는다 생각하는 작가분들도 전문가의 도움을 받아 퀄리티 높은 사진을 받아보실 수 있어요. 개인 작품이나 도안을 판매하는 사업자나 작가님들을 위한 공간으로, 별도의 이용료는 없습니다. 만약 클래스 룸이 필요하신 작가님이 있으시다면 간단하게 홈페이지를 통해서 예약하시면 됩니다.

Q. 그렇다면 현재 낙양모사에 소속 작가님이 따로 계시진 않는 건가요? '9크리에이터 프로젝트'가 낙양모사의 소속 작가님을 뽑는 것인 줄 알았거든요.
9크리에이터 프로젝트는 저희가 벌써 5기째 진행하고 있는 프로그램입니다. 매년 9명의 작가님을 선정하여 선정 기간 동안 창작을 위한 다양한 활동을 지원해드리고 있고요. 일반적으로 작가 지원이라고 하면 작품 활동에 필요한 제품을 제공받은 다음, 서포터즈나 소속 작가로서 활동하면 된다고 생각하시는데, 저희는 여기서 더 나아가 각종 브랜드와 협업을 기획하거나 상품을 함께 만드는 등의 활동을 하고 있어요. 즉 작가님 한 분 한 분을 단순한 서포터즈가 아니라 파트너이자 협업자라고

생각하고 있고, 그래서 앞으로도 창작자분들과 직접 소통하며 다양한 활동을 시도하려고 해요. 새로운 가치를 창출하고, 또 함께 상생하는 것이 저희가 지향하는 기업 가치니까요.

Q. 뜨개실을 활용한 다양한 예술 작품을 소개하는 '갤러리 실'도 굉장히 새로운 시도라고 생각해요. 이렇게 뜨개 작품 전시를 기획하게 된 계기가 있으신가요?
실제로 저희가 여러 창작자분들을 만나보면 일반적으로 잘 알려진 실용적인 뜨개를 하시는 분들 외에도 개인적인 아트 작업을 하시는 분들이 많아요. 그래서 그런 분들이 가진 창작자로서의 매력을 어떻게 같이 풀어내고, 대중에게 널리 알릴 수 있을까 고민을 많이 했어요. 현재는 갤러리 실이라는 쇼윈도 공간을 마련해 작가님들의 작품을 전시하고 있는데, 갤러리를 오픈하고 나니 예상보다 반응이 훨씬 좋았어요. 벌써 내년 중반까지는 전시 스케줄이 다 차 있는 상태고요. 내년부터는 홈페이지를 통해 더 많은 작가님들의 신청을 받아 운영하려고 해요. 전시 작품으로 선정이 되면 갤러리 대관료는 모두 무료입니다.

Q. 앞으로 어떤 활동을 해나가실지 궁금합니다. 이 공간에서 보다 많은 클래스나 행사, 이벤트가 열리게 될까요?
네, 하지만 저희가 직속 디자이너나 강사를 활용해 운영하는 프로그램은 앞으로도 없을 거예요. 하지만 여러 뜨개 작가님들과 협업하여 더 많은 분들께 재미있는 콘텐츠나 클래스를 소개할 생각은 있고요. 이를 통해 평소 뜨개를 하는 사람뿐 아니라 뜨개를 못 하는 사람까지도 관심을 가지게 할 수 있다면 더할 나위가 없겠죠. 그래서 세상의 편견을 깨는 일을 많이 하려고 해요. 뜨개는 공예 중에서도 아직 저평가되는 부분이 있는 것 같아서요. 뜨개인들이 좋아하는 것과 대중적인 지점 사이에서 균형을 잡으며, 한국의 뜨개 시장이 커지고 안정되는 데 도움이 되는 역할을 하고 싶습니다.

harmony
어울림 *Mulesing free*

X

NAKYANGYARN
SAMSUNG

7 8

10

4／작가들에게 제공되는 작가 공간. 5／매년 출간하는 작품집인 〈낙양 랩〉. 6／플레이스 낙양 앞에 위치한 갤러리 실. 작가와 협업하여 기획을 하고, 작품을 전시한다. 7／낙양모사의 겨울 실 하모니의 물징프리 라인도 살펴볼 수 있다. 8／다양한 촬영을 진행할 수 있는 스튜디오 낙양의 2층은 감성적인 우드 톤으로 꾸몄다. 9／스튜디오 낙양 2층의 촬영 공간. 촬영을 전문으로 하는 매니저가 촬영을 도와주거나 다양한 장비를 빌려주기도 한다. 10／촬영, 모임 등을 진행할 수 있는 루프탑 공간. 근처에 높은 건물이 많지 않아 하늘이 넓게 보여 상쾌하다.

9

Yarn World

에토 하루요가 〈부인세계(婦人世界)〉(1926)에 발표한 여아용 모자.
재현/기타가와 게이(모자), 곤도 히로코(동백꽃)

〈편물독습서(編物独習書)〉(1923)에 실린
데라니시 미도리코가 디자인한 국화 모자.
재현/기타가와 게이

기타가와 게이(北川ケイ)
일본 근대 서양 기예사 연구가. 일본 근대 수예가의 기술력과 열정에 매료되어 연구에 매진하고 있다. 공익재단법인 일본수예보급협회 레이스 사범. 일반사단법인 이로도리레이스자료실 대표. 유자와야 예술학원 가마타교·우라와교 레이스뜨기 강사. 이로도리레이스자료실을 가나가와현 유가와라에서 운영하고 있다.
http://blog.livedoor.jp/keikeidaredemo

〈손뜨개 연구(あみ物の研究)〉(1914)의 에토 하루요
포도와 꽃 모티브 장식.
재현/곤도 히로코

신여성의 수예 세계로 타임슬립!
귀여운 꽃장식 모자

최근 몇 년 동안 19세기 말부터 20세기 초 신여성의 손뜨개 꽃장식의 사랑스러움에 빠져 있습니다. 그중 하나로 아이들에게 애정을 듬뿍 담은 꽃장식 모자가 있습니다. 1887년 무렵부터 신여성을 매료시킨 손뜨개 꽃은 그녀들의 뜨개 기술을 향상시켰을 뿐 아니라 의장 등록을 하는 사람이 속출하게 했습니다.

1893년에는 수예 교본에 각종 손뜨개 꽃이 인기리에 게재되고 매화, 국화, 목련 3종을 뜰 줄 알면 자유자재로 응용해 꽃과 이파리를 뜰 수 있게 된다고 생각했습니다. 모두 일본을 대표하는 꽃입니다. 그리고 숄이나 모자 뜨기를 통해 아이들의 외출이 늘자 신여성들은 챙 없는 베레모, 투구 모자, 눈요정의 도롱이 같은 겨울 모자에 꽃을 듬뿍 장식했습니다. 아이에 관한 사랑과 수작업의 즐거움이 전해지는 듯합니다. 손뜨개 꽃은 신기하게도 많이 달고 싶어지더라고요. 이것이 꽃장식 모자의 시작입니다.

손뜨개 꽃장식 모자는 특히 기혼 여성의 직업으로 장려되었던 듯합니다. 1897년 도쿄 니혼바시의 이시이상점에서는 심플한 모자 12개에 10전, 꽃장식 모자는 1엔 50전 정도였습니다. 당시 초등 교사 첫 월급이 8~9엔이었습니다. 지금 시세로 환산하면 당시 1엔은 현재 2만엔 정도라고 하니 수입이 짭짤했겠지요.

꽃장식 모자 뜨기를 히트시킨 디자이너들은 부업 도매상과 손을 잡고 명주실 손뜨개 교습소를 열기도 했습니다. 직업소개소나 신문에 자주 등장한 작품이 '구중편 조화(九重編造花)'로 한 시대를 풍미한 데라니시 미도리코(寺西緑子)의 《데라니시의 편물여숙(編物女塾)》이었습니다. 일본·영국박람회에서 구중편 조화를 전시하고 수출했다고 하니, 원조 모리 하나에(森英惠, 일본인으로 유일하게 파리 오트쿠튀르에 진출한 패션 디자이너)라고 하면 비약이 심한 걸까요?

1912년에 들어서면서 손뜨개 황금기가 시작합니다. 서양 서적을 번역한 도안과 관련 강좌가 쏟아져 나오는데 그 가운데서 일본인의 창작 노력을 소중히 여긴 사람이 있었습니다. 뜨개 기호 '합리 부호'를 창안한 에토 하루요(江藤春代)입니다. 그녀 또한 아이들의 모자에 다는 손뜨개 꽃 모티브를 소중히 여겼습니다. 일본의 꽃은 물론 푸크시아도 만들었습니다.

최근에는 유아용 손뜨개 곰돌이 귀 모양 장식이나 과일 니트 모자가 눈에 띕니다. 귀엽지만 손뜨개 꽃장식으로 장식한 모자로 튤립, 강아지풀처럼 아이들의 개성을 살려 디자인하면 더 재미있을 것 같습니다.

Yarn World

이거 진짜 대단해요! 뜨개 기호
감으면 감을수록 드라이브뜨기 【대바늘뜨기】

뜨개를 하고 있나요? 뜨개 기호를 아주 좋아하는 뜨개남(아미모노)입니다. 기사를 쓸 때는 한여름이었지만, 이제 두말할 필요 없는 손뜨개의 계절입니다. 뜨고 뜨고 뜨다 보면 한 코 한 코가 여러분의 피와 살이 되고, 무엇과도 바꿀 수 없는 만족과 행복을 느끼게 됩니다. 함께 뜨지 않으시겠습니까?

이번에는 대바늘 뜨개 기호 가운데 드라이브뜨기입니다. 왜 '드라이브'라고 하는지 정말 궁금해서 드라이브를 검색해보니 '① 자동차로 멀리 나가는 것, ② 테니스·탁구 등에서 공에 회전을 걸어서 치는 것'이라고 나오더군요.

추측해보건대 드라이브뜨기할 때 대바늘을 뱅그르르 돌리듯 바늘에 실을 감습니다. 그렇게 뱅글뱅글 돌리는 동작이 검색 결과 ②와 연결되는 것 같은데, 어디까지나 추측일 뿐 아는 분이 있다면 꼭 알려주기 바랍니다.

이 드라이브뜨기가 푹 빠질 정도로 즐겁습니다. 앞단에서 뱅글뱅글 실을 감아두고, 그것을 다음 단에서 뜨면 감긴 실이 풀려서 '볼록!' 하니 코가 큼지막해집니다. 그 볼록해지는 순간이 굉장히 아크로바틱하고 두근거립니다. 게다가 '몇 회 감는지'에 따라 볼록해지는 길이가 달라집니다. 보통 2회 감기나 3회 감기를 하지만 이론적으로는 5회 감기, 10회 감기도 가능합니다. 가시밭길이 되리라는 사실은 불 보듯 뻔하지만, 꿈과 상상의 나래가 펼쳐집니다.

물론 모양도 임팩트가 있습니다. 늘어난 코이지만 가터뜨기를 활용해 무늬를 뜨다 보면 마치 실이 걸쳐진 것처럼 보입니다. 실의 질감이 눈에 그대로 전달되므로 모헤어나 테이프 얀을 사용하면 효과 만점. 무엇보다 뜨는 거리를 벌 수 있습니다. 차츰차츰 형태가 드러나기 때문에, 실을 감은 만큼 성취감도 배가 됩니다(개인 감상입니다). 무늬의 변화를 주기 위해 드라이브뜨기(2회)와 드라이브뜨기(3회)처럼 감는 횟수를 조절해 코를 조절했더니, 정말 신기하네요. 파도치는 드라이브무늬가 나타나는 게 아니겠습니까? 장력 조절이 꽤 힘들기는 하지만 해볼 만합니다.

단순하게 감기만 하면 되는 무늬지만 감은 만큼 뜨개바탕에 새로운 바람을 불러일으키는 드라이브뜨기. 목둘레나 소맷부리에 포인트로 넣어도 좋고, 팬시 얀의 매력을 최대한 끌어올려 주는 무늬의 하나입니다.

여러분 레츠 드라이브!

대단해요! 뜨개 기호 감고 뜨면 볼록!

드라이브뜨기 (3회)

여기는 바뀌지 않음
감는 횟수
3회 감는다

1 코에 오른바늘을 넣고 오른바늘에 실을 3회 감은 다음 실을 빼낸다.

왼바늘에서 푼다

2 다음 단에서 감아 놓은 실을 풀면서 뜬다.

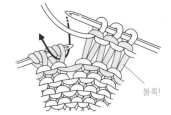

볼록!

3 드라이브뜨기(3회) 완성.

드라이브뜨기 (2회)

2회 감는다

감는 횟수만 달라요!

대단해요! 뜨개 기호 조합에 따라서 무늬에 새바람을

드라이브뜨기(2회)와 드라이브뜨기(3회)를 조합한 무늬 예시

□ = |

이론상으로는 몇 번이라도 감을 수 있지만…

무리일지도…

뜨개남의 한마디

연재 횟수가 길어지다 보니 점점 소재가 달린다는 실감이 나지만, 할 수 있는 한 힘껏 뜨개 기호의 매력을 알려왔다고 생각하는 요즘입니다. 드라이브뜨기는 여름용 뜨개법이라 단정하기 십상이지만, 소재와 사용법에 따라서는 가을·겨울 뜨개에도 충분히 사용할 수 있습니다. 앞으로도 드라이브뜨기 잘 부탁합니다!

(뜨개남의 SNS도 매일 업로드 중!)
http://twitter.com/nv_amimono
www.facebook.com/nihonvogue.knit
www.instagram.com/amimonojapan

이제 와 물어보기 애매한!?
아란무늬 작품을 업그레이드하는 소소한 기술

손뜨개 장르에서 1, 2위를 다투는 아란무늬.
그렇지만 완성된 작품을 보면 어딘가 부족한 듯 아닌 듯…
그것은 아마 아주 작은 기술 하나로 해결할 수 있을지도 몰라요.

촬영/모리야 노리아키

그래! 고무뜨기처럼 앞단하고 같은 코로 뜨면서 덮어씌워 보세요!

이제 와 씨

소소한 기술 ① 덮어씌워 코막기

뜨개 마지막에 겉뜨기를 뜨면서 덮어씌워 코막음했더니 멍석뜨기와 매듭뜨기한 부분이 늘어져 보이는 듯합니다.

→ 마지막 단

□ = □

음… 좀 더 도안 연결에 맞춰서 생각해보자…

앞단과 같은 코를 뜨면서 덮어씌워 코막음했더니 더 늘어져 보이는 것이 오히려 역효과가 나네요. 아란무늬는 다음 단에서 교차뜨기가 무늬로 들어가기도 하므로 고무뜨기처럼 앞단과 같은 방법으로 뜨기만 해서는 의미가 없는 것 같군요.

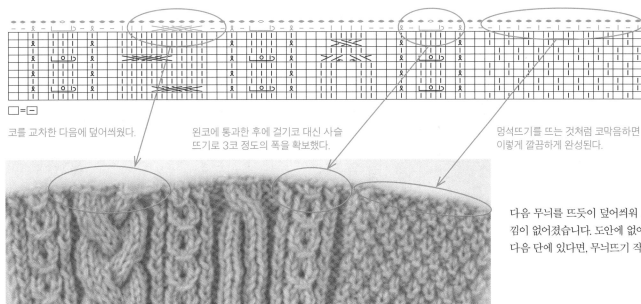

□ = ⊡

코를 교차한 다음에 덮어씌웠다.

왼코에 통과한 후에 걸기코 대신 사슬
뜨기로 3코 정도의 폭을 확보했다.

멍석뜨기를 뜨는 것처럼 코막음하면
이렇게 깔끔하게 완성된다.

다음 무늬를 뜨듯이 덮어씌워 코막음을 하니 늘어지는 느
낌이 없어졌습니다. 도안에 없어도 교차뜨기와 매듭뜨기가
다음 단에 있다면, 무늬뜨기 작업을 넣는 게 포인트입니다.

소소한 기술 ② 가장자리 고무뜨기

몸판 콧수를 그대로 주워서 고무뜨기한 다음 잘 살펴보
면 멍석뜨기한 곳과 교차뜨기한 부분의 고무뜨기 밀도가
미세하게 다릅니다. 입으면 잘 티가 나지 않을 정도지만
교차뜨기 콧수가 많으면 신경 쓰일 수 있으니 해결해보겠
습니다.

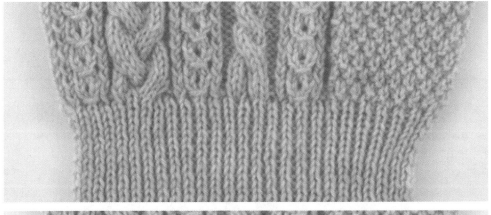

고무뜨기 게이지를 다시 계산해서 밸런스 좋게 콧수를 분
할해 줄임코를 합니다. 전체를 균등하게 줄임코한 경우 결
국 같은 밸런스로 줄임코했을 뿐이라서 촘촘한 부분과 성
긴 부분의 차이는 해결되지 않았습니다.

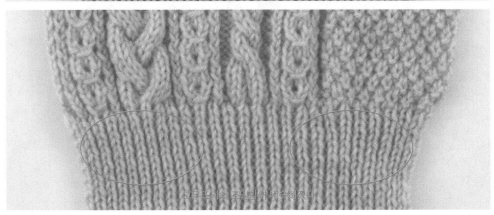

뜨개코가 촘촘한 부분을 중심으로 교차뜨기와 안뜨기의
경계코에서 줄임코를 했습니다. 무늬에 따라서 게이지가
달라지므로 같은 크기라도 콧수가 많은 부분에서 코를 줄
이면 밸런스 좋게 고무뜨기를 할 수 있습니다.

음. 맘에 들어!

래글런선이나 목둘레에서 줄임코를 하면 어떻게 해도 무늬가 흐트러지고 가장자리가 늘어집니다.
이대로도 문제는 없지만 조금 더 무늬를 넣을 수 없을까 생각해봤습니다.

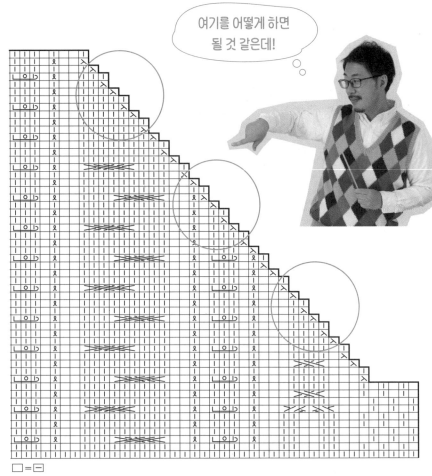

여기를 어떻게 하면
될 것 같은데!

$\square = \boxminus$

오른코 교차뜨기

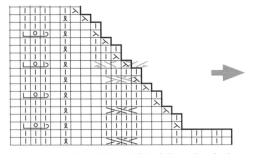

원래 무늬를 반복해서 그려봤습니다. 줄임코와 완
벽하게 겹친 부분은 모두 제거합니다.

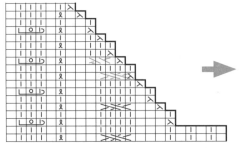

오른코 위 2코 교차뜨기는 아래쪽 코를 1코 옆으로
이동하면 교차뜨기를 할 수 있습니다.

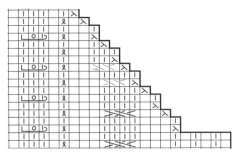

교차무늬가 조금 작아지기는 했지만, 다음 교차뜨
기는 원래대로 들어갔습니다.

매듭뜨기

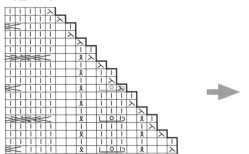

매듭뜨기는 4단이 1무늬이므로 마침 줄임코와 맞
아떨어졌습니다. 줄임코가 아닌 2코에서 무늬를 뜰
수 있을까 생각해봤습니다.

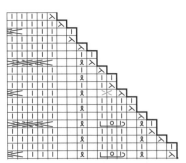

매듭무늬와 느낌이 비슷한 왼코 교차뜨기를 했습
니다.

왼코 교차뜨기

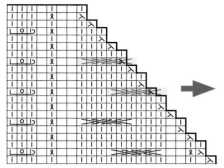 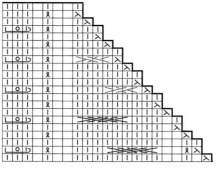

3코 교차는 6코로 구성되어 있으므로 무늬가 흐트러지기 시작한 다음부터 코가 없어질 때까지 몇 단이나 떠야 해서 상당히 늘어져 보입니다. 게다가 이 무늬는 9코가 1무늬이므로 코가 없어질 때까지 조금이라도 무늬를 넣고 싶었습니다.

교차하는 방향은 원래 무늬대로 하고 줄임코와 겹치지 않는 나머지 콧수로 교차를 배치해 봤습니다.

실제로 떠봤습니다. 무늬가 중간에 끊긴 느낌이 조금 줄고 늘어져 보이는 것도 줄었습니다. 단지 오른코 위 교차뜨기의 겉뜨기 라인이 1코 왼쪽으로 이동했기 때문에 코가 없어진 단수가 늘어서 원래대로가 나왔을지 모르겠네요.

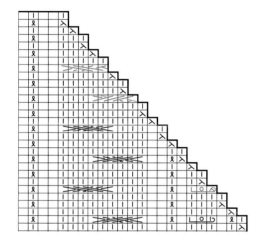

조금 더 연구해봤습니다. 교차뜨기할 수 있는 콧수가 1코라도 많은 쪽이 원래 무늬의 이미지에 가까워지므로 줄임코를 하면서 무늬를 떠봐야겠다고 생각했습니다. 교차뜨기는 아래쪽으로 가는 코로 줄임코를 하니 더욱 뜨개바탕의 무늬가 흐트러지지 않는 것 같군요.

무늬나 줄임코 위치에 따라서 알맞은 뜨개법이 바뀌므로 여러 방법을 시도해보세요.

71

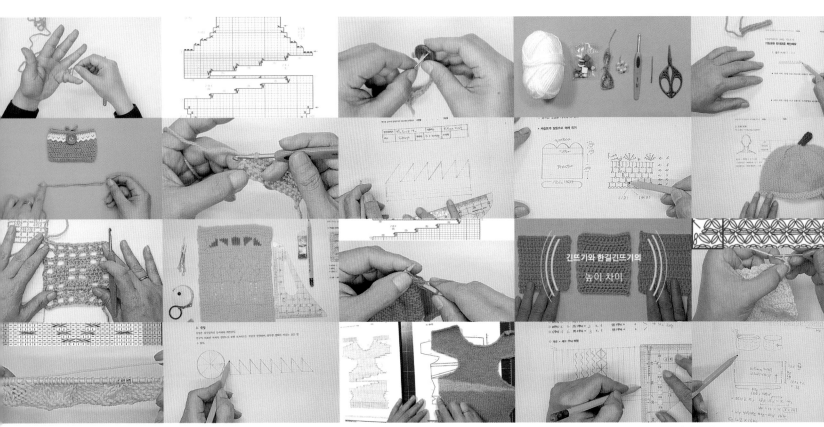

LYKKE™
— MAKE HAPPY —

뜨개머리앤
Value Your Knitting Time

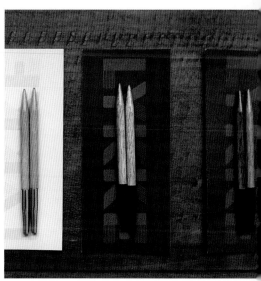

이하니 지음 | 22,000원

MAMALANS
마마랜스의 일상 니트

마마랜스의 감성이 듬뿍 담긴 뜨개옷과 소품 17
감각적인 컬러와 독보적인 핏의 니트를 소개합니다!

배치도, 기호도, 보조 설명과 QR 영상까지 담아
한 코 한 코 따라 뜨면 누구나 멋진 옷을 뜰 수 있어요!

한스미디어

스웨덴 헬싱란드의 방직소를 찾아서

취재/마쓰바라 히로코

공장 2층에 마련된 부티크. 두 사람이 만들었다고 믿기 힘들 정도로 상품이 다양하다. 자수용 울 실도 있다.

스웨덴의 수도 스톡홀름에서 열차를 타고 북쪽으로 3시간 걸리는 헬싱란드는 세계유산으로 지정된 장식 농장 가옥으로 유명합니다. 제가 사는 달라르나 지역 옆 동네로, 민속의상과 민속 음악 같은 훌륭한 전통문화가 남아 있는데, 울 방직소와 리넨 공장이 있다고 해서 언젠가는 가보고 싶던 차에 그 바람이 드디어 올여름에 이뤄졌습니다.

제가 가장 좋아하는 민족의상은 지금 사는 달라르나 옷이 아니라 헬싱란드의 것입니다. 울 니트 재킷에, 잔무늬가 있는 앞치마, 큼지막한 털 방울이 달린 붉은색 수제 직조 밴드가 정말 아름답습니다.

본디 아름다운 민속의상이 남아 있는 지방이라 불리는 곳은 경제적으로 풍족한 지역이 많은데, 헬싱란드의 풍족함은 이 지역에서 생산되는 아마 덕분입니다. 전성기에는 수천 명이 아마 산업에 종사할 정도로 번성했지만, 최근 국산 아마는 거의 만들지 않는다고 합니다.

오늘날 리넨은 수입에 의존하는 데 반해 스웨덴 토종 양에서 얻은 100% 스웨덴 울을 고집하는 방직소가 있다고 해서 다녀왔습니다.

리넨 지역에서 불과 30분 거리에 방치되어 있던 울 방직소를 자매가 매입해 둘이서 털실 만들기를 시작했습니다. 아이 때부터 가족이 이 방직소에서 일하는 모습을 지켜본 자매. 스웨덴 토종 양이 있는데도 싸다고 울 대국이 털실을 사도 되는가. 스웨덴 토종 양과 그 양털을 지키자! 단지 그 열정만으로 그녀들은 기초부터 털실 만들기를 배워 기계를 작동시키기 시작했습니다.

스웨덴 토종 양은 5종인데 울 100% 털실이라 해도 어떤 양털을 어떻게 배합하는지에 따라 실의 느낌이 달라집니다. 자매가 시행착오를 겪으면서 블렌딩한 털실은 기성 제조사의 제품과는 확연히 다른 개성이 느껴졌습니다.

방직소의 웹디자인을 보기만 해도 도회적인 센스가 느껴졌는데, 부설 부티크도 세련된 모습입니다. 그렇지만 부티크는 한 달에 하루밖에 문을 열지않고, 다른 날에는 일에 몰두하는 두 사람입니다. 털실 외에 울 원단도 제작하는데 그 제품에는 예술가 기질이 풍부한 동생이 색깔과 무늬에 대한 아이디어를 짜낸다고 합니다.

두 자매를 움직이게 하는 원동력은 '누군가 하지 않으면' 하는 생각이라네요. 그 와중에도 배색이나 질감 조정, 기계 손질 같은 작업을 즐기면서 일하는 두 사람에게 큰 자극을 받은 방문이었습니다.

1／가장 좋아하는 헬싱란드의 델스보 민속의상. 이 니트 재킷의 무늬는 정말 유명하다.
2／커다란 기계 사이에 있는 아담한 방직기는 실제로 털실을 사용해 샘플을 직조한다.
3／털실은 인터넷(www.filtmakeriet.se)으로 구매 가능하다.
4／이웃 주민이 가져온 털실을 운반하는 사이에 작업 공정을 설명해주는 언니 예시카.

Let's Knit in English!
니시무라 도모코의 영어로 뜨자
겨울 기운을 느끼면

photograph Toshikatsu Watanabe styling Terumi Inoue

〈Pattern A〉Blackberry Stitch

> Work with a multiple of 4 sts.
> Row 1 (RS): *(k1, yo, k1) into same st, p3; rep from * to end.
> Row 2 (WS): Rep (p3tog, k3) to end.
> Row 3: *p3, (k1, yo, k1) into same st; rep from * to end.
> Row 4: Rep (k3, p3tog) to end.
> Rep Rows 1 to 4.

〈무늬 A〉블랙베리 스티치

> 기초코는 4의 배수.
> 1단(겉면) : *1코에 (겉뜨기 1, 걸기코, 겉뜨기 1), 안뜨기 3*, *-를 끝까지 반복한다.
> 2단(안면) : (왼코 겹쳐 3코 모아 안뜨기, 겉뜨기 3)을 끝까지 반복한다.
> 3단 : *안뜨기 3, 1코에 (겉뜨기 1, 걸기코, 겉뜨기 1)*, *-를 끝까지 반복한다.
> 4단 : (겉뜨기 3, 왼코 겹쳐 3코 모아 안뜨기)를 끝까지 반복한다.
> 1~4단을 반복한다.

〈Pattern B〉Trinity Stitch

> Work with a multiple of 4 sts.
> Row 1 (RS): Purl to end.
> Row 2 (WS): *(k1, p1, k1) into same st, p3tog; rep from * to end.
> Row 3: Purl to end.
> Row 4: *p3tog, (k1, p1, k1) into same st; rep from * to end.
> Rep Rows 1 to 4.

〈무늬 B〉트리니티 스티치

> 기초코는 4의 배수.
> 1단(겉면) : 안뜨기.
> 2단(안면) : *1코에 (겉뜨기 1, 안뜨기 1, 겉뜨기 1), 왼코 겹쳐 3코 모아 안뜨기*, *-를 끝까지 반복한다.
> 3단 : 안뜨기.
> 4단 : *왼코 겹쳐 3코 모아 안뜨기, 1코에 (겉뜨기 1, 안뜨기 1, 겉뜨기 1)*, *-를 끝까지 반복한다.
> 1~4단을 반복한다.

겨울이 다가오면 울 실로 뜨는 올록볼록한 뜨개바탕이 생각납니다. 매년 이 무렵이면 작품에 넣고 싶어지죠. 그중에서도 앙증맞은 베리를 가득 채운 듯한 무늬는 여러분도 보거나 뜬 적이 있을 겁니다.

이번에는 그와 같은 과일이나 나무 열매를 연상시키는 무늬를 소개합니다. 도톰한 모양은 전부 늘려뜨기와 모아뜨기 조합으로 뜰 수 있으므로 어렵지 않습니다.

이 무늬들은 블랙베리 스티치, 라즈베리 스티치, 트리니티 스티치 등으로 불리는데 이름이 같다고 해서 똑같은 방법으로 뜬다고는 할 수 없습니다. 영문 패턴의 무늬에서는 흔한 일로, 비슷한 무늬에 같은 이름이 붙거나 같은 무늬인데 다른 이름으로 불리기도 합니다. 소개하는 두 무늬는 그런 관계입니다. 참고로 3번째 무늬의 콥 너트(Cob nuts)는 헤이즐넛을 가리킵니다. 그러고 보니 헤이즐넛을 닮았네요.

무늬는 물론 무늬를 넣은 뜨개바탕에서도 온기가 느껴집니다. 심플한 의류와 소품에 악센트로도 손쉽게 넣을 수 있는 무늬이므로 꼭 시도해봤으면 합니다.

뜨개 약어

약어	영어 원어	우리말 풀이
k	knit	겉뜨기
p	purl	안뜨기
yo	yarn over	걸기코
p3tog	purl 3 stitches together	왼코 겹쳐 3코 모아 안뜨기
st(s)	stitch(es)	뜨개코
RS	Right Side	겉면
WS	Wrong Side	안면
rep	repeat	반복한다
–	multiple	배수

니시무라 도모코(西村知子)
니트 디자이너, 공익재단법인 일본수예보급협회 손뜨개 사범, 보그학원 강좌 '영어로 뜨자'의 강사. 어린 시절 손뜨개와 영어를 만나서 학창 시절에는 손뜨개에 몰두했고, 사회인이 되어서는 영어와 관련된 일을 했다. 현재는 양쪽을 살려서 영문 패턴을 사용한 워크숍·통번역·집필 등 폭넓게 활동하고 있다. 저서로는 국내에 출간된《손뜨개 영문패턴 핸드북》등이 있다. Instargram : tette.knits

〈Pattern C〉Cob nut stitch

Work with a multiple of 4 sts + 3
Row 1 (RS): p3, *(k1, yo, k1) into same st, p3; rep from * to end.
Row 2 (WS): k3, rep (p3, k3) to end.
Row 3: p3, rep (k3, p3) to end.
Row 4: k3, rep (p3tog, k3) to end.
Row 5: Purl.
Row 6: Knit.
Row 7: p1, *(k1, yo, k1) into same st, p3; rep from * to last 2 sts, (k1, yo, k1), p1.
Row 8: k1,rep (p3, k3) until last 4 sts, p3, k1.
Row 9: p1, rep (k3, p3) until last 4 sts, k3, p1.
Row 10: k1, rep (p3tog, k3) until last 4 sts, p3tog, k1.
Rows 11 and 12: Rep Rows 5 and 6.
Rep Rows 1 to 12.

〈무늬 C〉 콥 너트 스티치

기초코는 4의 배수+3코.
1단(겉면) : 안뜨기 3, *다음 코에 (겉뜨기 1, 걸기코, 겉뜨기 1), 안뜨기 3*, *−*를 끝까지 반복한다.
2단(안면) : 겉뜨기 3, (안뜨기 3, 겉뜨기 3)을 끝까지 반복한다.
3단 : 안뜨기 3, (겉뜨기 3, 안뜨기 3)을 끝까지 반복한다.
4단 : 겉뜨기 3, (왼코 겹쳐 3코 모아 안뜨기, 겉뜨기 3)을 끝까지 반복한다.
5단 : 안뜨기.
6단 : 겉뜨기.
7단 : 안뜨기 1, *1코에 (겉뜨기 1, 걸기코, 겉뜨기 1), 안뜨기 3*, 마지막에 2코가 남을 때까지 *−*를 반복하고 1코에 (겉뜨기 1, 걸기코, 겉뜨기 1), 안뜨기 1.
8단 : 겉뜨기 1, (안뜨기 3, 겉뜨기 3)을 마지막에 4코가 남을 때까지 반복하고 안뜨기 3, 겉뜨기 1.
9단 : 안뜨기 1, (겉뜨기 3, 안뜨기 3)을 마지막에 4코가 남을 때까지 반복하고 겉뜨기 3, 안뜨기 1.
10단 : 겉뜨기 1, (왼코 겹쳐 3코 모아 안뜨기, 겉뜨기 3)을 마지막에 4코가 남을 때까지 반복하고 왼코 겹쳐 3코 모아 안뜨기, 겉뜨기 1.
11·12단 : 5·6단을 반복한다.
1~12단을 반복한다.

Enjoy Keito

Keito 오리지널 얀과 추천 털실을 사용한, 뜨는 것이 즐거운 겨울 아이템을 소개합니다.

photograph Hironori Handa styling Masayo Akutsu hair&make-up Yuri Arai model Marie

Keito
Umiushi mocomoco

우미우시 모코모코

울 96%·나일론 4%, 색상 수／5, 1타래／약 100g, 실 길
이／약 90m, 실 종류／초극태, 권장 바늘／13호~8mm

해양 생물인 우미우시(해우)를 모티브로 한 컬러와 모양이 특
징인 슬러브 얀의 올록볼록함이 재미있는 오리지널 얀.

Keito
Calamof

카라모프

모헤어 40%·울 35%·알파카 25%, 색상 수／4, 1타
래／약 100g, 실 길이／약 220m, 실 종류/병태, 권장 바
늘／8~10호

모헤어와 알파카, 심으로 울을 사용한, 천연 섬유로만 이뤄진
탐사(기모사). 일본 내 공장에서 장인이 염색하고 있어요.

대바늘로 뜨는 올록볼록한 삼각 숄

폭신폭신한 카라모프 바탕에 가장자리의 올록
볼록함이 재미있는 숄. 다양하게도 두를 수 있
어 즐거워요.

Design／잇시키 미나토
How to make／P.180
Yarn／Keito 카라모프, 우미우시 모코모코

One-piece／하라주쿠 시카고 하라주쿠점
Bangle／산타모니카 하라주쿠점

Lana Gatto
ALPACA SUPERFINE
알파카 슈퍼 파인

알파카 93% · 나일론 7%, 색상 수／14, 1볼／50g, 실 길이／약 70m, 실 종류／극태, 권장 바늘／7~10mm

대부분 알파카로 구성된 릴리얀 모양의 실은 틈새에 공기를 머금어 폭신폭신하고 따뜻해요. 울의 깔끄러운 촉감을 싫어하는 분들에게도 추천합니다.

낙낙한 가터뜨기 풀오버

가터뜨기와 배색의 고무뜨기로 숭덩숭덩 뜰 수 있는 심플한 루즈 핏 풀오버예요. 여유 있는 진동둘레와 긴 소매가 포인트입니다.

Design／Keito
Knitter／스도 아키요
How to make／P.182
Yarn／라나 가토 알파카 슈퍼 파인

Pants／하라주쿠 시카고(하라주쿠/진구마에점)

도카이 에리카의
즐거운 배색무늬뜨기

이번 겨울에도 도카이 에리카의 신작이 도착했어요.

photograph Shigeki Nakashima styling Kuniko Okabe,Yuumi Sano
hair&make-up Hitoshi Sakaguchi model Viki G.

※ 80~83페이지에 소개된 작품은 도안이 수록되어 있지 않습니다.

몽실몽실한 꼬리가 포인트인 다람쥐 풀오버. 삐죽
삐죽한 잎사귀는 뜨려면 끈기가 필요하지만 완성
했을 때의 뿌듯함은 더욱 클 거예요. 바탕실은 극
세 모헤어와 중세 스트레이트 얀을 겹친 실로 폭
신하고 부드럽게 완성할 수 있습니다.

Knitter／스즈키 기미코

배색뜨기 초보자에게도 도전을 권하는 월 가든 미니 백. 어깨끈은 묶어서 길이를 조절할 수 있어 더 짧게 하는 것도 가능합니다. 빨간 장미 면과 등나무 덩굴 면이 있어 그날의 옷에 맞춰 원하는 면을 고르면 됩니다.

옷을 뜨기에는 아직 조금 자신이 없다면 이 다람쥐 머플러를 추천합니다. 네모나게 떠서 양 끝을 접어 꿰매는 디자인이기 때문에 코의 증감이 없고, 모티브는 도안을 쫓아가기 쉽도록 하나씩 여백을 많이 둬서 겹치지 않게 배치했어요.

Knitter／스즈키 기미코

리본을 모티브로 한 패치워크 베스트는 가로배색
뜨기와 세로배색뜨기를 모두 즐길 수 있어요. 귀
여운 모티브이니 배색은 절제한 느낌으로, 고무
뜨기 부분은 멜란지풍의 블랙을 써서 전체적으로
차분한 분위기로 완성했어요. 옆구리를 연결할
때는 앞뒤 무늬가 이어지도록 주의해주세요.

Knitter／아라이 가나코

베스트와 세트인 패치워크 가방은 차분한 배색이
될 때가 많은 겨울 코디에 악센트가 될 수 있도록
밝은 배색을 썼어요. 배색을 달리한 손잡이는 제
법 길어서 어깨에 멜 수도 있고, 입구는 퍼 실로
테두리를 둘러서 더욱 따뜻한 느낌입니다.

Knitter／아라이 가나코

월 가든 풀오버는 다양한 꽃을 넣고 싶어서 낙낙
한 오버 핏으로 떴어요. 모티브로 장미나 등나무
같은 이미지가 있지만, 이를 충실히 표현하는 것
이 아니라 마치 차창으로 슬쩍 본 것만으로 인상
에 남은 집에서 정성껏 돌본 꽃들의 느낌으로 떠
보았어요.

Knitter／가메다 아이

▶ 대세는 뜨개 수다!
뜨개가 너무 좋아 밤을 새워 이야기해도 좋을
뜨개 유튜버 4인의 이야기

취재 : 정인경 / 사진 : 김태훈

로로우니코, 만미

새로운 것에 도전하는 것을 즐기는 니트웨어 디자이너 만미. 뜨개 친구들과 공감대를 만들고 싶어서 유튜브를 시작했다. 새로 완성한 작품이나 뜨고 있는 작품도 이야기하지만 예쁜 뜨개 아이템이나 지름신 강림 쇼핑 하울 같은 것을 많이 다루는 편. 같이 쇼핑하고 수다 떠는 친구 같이 구독자에게 친근한 느낌을 준다. 영상은 보통 30~40분 대로 편집하고 가급적 일주일에 1~2개를 올리는 것을 목표로 하고 있다고. 뜨개를 시작한 지는 10년 정도 되었고, 뜨개가 너무 좋아서 본업까지 그만두고 전업으로 삼은 케이스다. 대바늘을 시작하고는 뜨개 방법이나 제도, 디자인까지 독학하고, 지금은 자기 취향에 꼭 맞춘 옷을 스스로 디자인하고 있다.

아테네 카디건 by 만미
그리스 신전을 모티브로 만든 도안. 스튜디오 도네갈(Studio Donegal)의 도네갈 울(Donegal wool)을 사용했더니 무늬가 이쁘게 나왔어요.

베리마치 카디건 by 만미
이름 그대로 베리들의 행진이에요. 데라나(dLana)의 라 마드릴라나 DK(La Madrilana DK)를 사용했어요.

피아니시모 스웨터 by 만미
새로운 브랜드인 숲(Soop) 닛츠를 준비할 때 피아노 건반을 떠올리며 만든 도안이에요. 더 파이버코(The fibre co)의 컴브리아(Cumbria)를 사용했어요.

02Knit, 영이

주로 뜨개 리뷰를 다루는 영이. 영이의 영상은 꼭꼭 채워 뜨개 작품과 도안, 실에 대해서만 리뷰하고 있다. 초반에는 뜨개로그나 수다도 시도해보았는데, 리뷰 영상이 제일 인기가 좋아 그쪽으로 방향을 정했다. 인기의 비결은 리뷰에 꼭 '이런 부분에 이런 실수를 했어요', '이런 부분은 유의해야 해요' 하는, 실제 경험에서 우러나오는 조언이다. 영이의 리뷰를 보고 뜰지 말지 정하는 데 도움이 됐다는 댓글도 많이 달린다. 뜨개에 관해서 하고 싶은 말이 너무 많은데 길게 글을 쓰는 것은 귀찮아서 유튜브를 시작했다. 매주 1회 업로드하는 것이 목표며 업로드 시간은 매주 금요일 5시다.

마치(Machi) 스웨터 by Rievive
직접 조합한 실로 작업한 스웨터예요. 유니콘 색감의 실을 찾다가 제가 생각하는 색감과는 좀 달라서 직접 조합했지요. 무늬도 재밌게 작업했어요.

쇼트케이크 풀오버 by Tokai Erika
도안을 보자 마자 꼭 생일에 입어야지, 생각했어요. 뜨개 인생 처음으로 세로 배색(인따르시아, intarsia)에 도전한 작품이에요. 이 스웨터만 보면 기분이 좋아져요.

마리트(marit) 베스트 by Kristin Drysdale
마리트 카디건을 베스트로 수정해 뜬 작품이에요. 이건 정말 세상에 하나밖에 없을 거예요. 도안을 변형하다 보니 시행착오가 많았지만 너무 마음에 들어요.

매일 뜨개, 샬라

다채로운 뜨개 일상을 공유하는 샬라는 친구와 뜨개 수다를 떠는 것 같은 영상이 매력적이다. 샬라의 채널은 카페에서 커피 한 잔을 앞에 두고 뜨개하며 대화하는 느낌으로 운영된다. 많은 옷을 뜰수록 하고 싶은 이야기가 더 많아졌다. 도안은 어땠고 실은 어땠는지, 단추는 어떻게 골랐고, 어떤 부분은 자기 스타일대로 변형했는지, 실제 뜨개 과정이 영상의 주된 내용이다. 꿀팁까지 담다 보니 점점 영상이 길어져 1시간 가까이 되었다. 뜨개만 하기에 무료할 때 샬라의 영상을 틀어 놓는다는 피드백이 많이 달린다. 한 작품을 위해 어떤 고민을 했고 어떤 시행착오를 겪었는지 최대한 자세히 전달하고자 한다.

마리트(marit) 카디건 by Kristin Drysdale
처음으로 스틱(STEEK) 기법에 도전했던 작품이에요. 마리트의 장점은 색 조합에 따라 옷의 느낌이 무궁무진하게 바뀐다는 점이에요.

러브모드 카디건 by 크림버튼
특유의 하트 아란 무늬가 정말 마음에 들어요. 뜨개 옷이 이렇게 러블리할 수 있다니요! 박시하게 떴더니 다양하게 활용할 수 있어요.

멜로즈 베스트 by 샬라
제 첫 의류 도안이에요. 저는 아가일(argyle) 무늬를 좋아하는데 아가일 패턴만 들어간 조끼 도안이 흔치 않더라고요. 그래서 직접 만들었습니다.

뜨개뜨개한하루, 소니아

친구 같은 유튜브를 만드는 소니아. 한창 옷 뜨개에 빠져 있던 2018년~2019년에는 지금처럼 뜨개 이야기를 할 수 있는 곳이 많지 않았다. 뜨개에 빠지고 한 2년 동안은 정말 뜨개 생각밖에 안 할 정도였는데, 우연히 뜨개 팟캐스트를 보게 되었고 덕분에 여러 궁금증을 해소할 수 있었다. 직접 뜨개 이야기를 전하고 노하우를 나누고 싶은 마음에 유튜브를 시작했다. 주된 콘텐츠는 뜨개 근황. 완성한 것, 뜨고 있는 것, 앞으로 뜨고 싶은 것, 구입한 실과 바늘 등 뜨개에 관련된 모든 것들을 다룬다. 가능하면 하나의 영상에서 완성작 1개를 소개한다. 주로 콘사를 사용하고 실을 합사하는 것을 좋아해서, 어울리는 색감을 찾고 자기만의 색으로 완성한 작품을 공유한다.

틸리지(Tillage) by Jared Flood
엄마를 위해서 뜬 스웨터예요. 좋은 실로 떠드리고 싶어서 캐시미어 100%를 사용했어요. 자주 입고 다니시는 모습을 보면 뿌듯합니다.

하트 리브스 카디건 by 니트다니트
테스트 니팅에 참여하면서 게이지에 맞는 실을 찾기 위해 스와치를 무려 4개나 떴던 작품이에요. 보송보송한 앙고라 실을 사용했어요.

수막(Sumac) by Orlane Sucche
무늬를 만드는 기법이 새롭고 다양해서 정말 재밌게 떴어요. 작가님의 Kal(Knit along) 시기와 겹쳐 위너로 선정되는 영광까지 누렸답니다.

사심만 가득 담아,
좋아하는 것들을 나누는 뜨개 편집숍

취재 : 정인경 / 사진 : 김태훈

뜨개가 떠오르는 취미가 되면서 뜨개를 업으로 삼는 사람도 늘었다. 뜨개가 너무 좋아 편집숍까지 차린 사람들은 어떤 마음으로 실을 고를까? 제품을 선택하는 기준과 왜 가게를 열게 되었는지 물어보면 "그냥 제가 좋아해서요."라는 대답이 돌아온다. 뜨개가 너무 좋아서 관련 자료를 계속 찾고 새로운 걸 접하다 보니, 더 많은 사람들과 나누고 싶어졌다. 해외의 뜨개 정보와 실을 국내에 소개하고 싶기도 했다. 높은 퀄리티의 실로 작품을 뜨고 그것을 직접 입는 즐거움을 알려주기 위해서 오늘도 실을 찾고 뜨개를 하는 뜨개숍 3곳을 방문했다.

즐거운 뜨개 구멍가게, **누가바 닛츠**

뜨개인의 뜨개 친구, 유튜버 누가바가 오픈한 오프라인 숍 '누가바 닛츠'. 누가바는 요즘 대바늘 뜨개 시장의 트렌드를 만들어가는 젊은 유튜버로, 유럽의 실과 좋은 도안, 현재 활발하게 활동 중인 다양한 외국 작가를 소개한다. 누가바는 프랑스에서 살던 시절 자연스럽게 유럽의 실과 유럽 실 제조사를 많이 접했는데, 프랑스어와 영어를 모두 구사할 수 있다 보니 모이는 정보의 양도 자연스럽게 많아졌다고 한다. 떠보고 싶은 실, 궁금한 실을 하나하나 조사하고 사서 써보다가 결국 숍까지 열게 되었다. 누가바가 국내에 유행시킨 실과 도안은 셀 수 없을 정도다. 누가바 닛츠 매장에서는 그녀가 작업한 작품, 원작실, 해외의 뜨개 잡지, 도서 등을 직접 살펴볼 수 있다. 비슈 에 부슈(Biches et Bûches), 솔라(Xolla), 데 레룸 나투라(de rerum natura) 등 소신을 갖고 실을 만드는 유럽 농장의 실들을 스토리와 함께 소개하고 있어 시간 가는 줄 모르고 실을 구경하게 되는 신비로운 곳이다.

주소 : 서울특별시 중랑구 사가정로43길 41 1층
운영 시간 : 11:00~18:30 (매주 화요일 휴무, 변동 휴무 인스타그램 확인)
인스타그램 : @nougatbar_knits

1／무심하게 툭툭 쌓여 있는 실이 오히려 감각적인 실장. 피더브룩 팜(Feederbrook Farm)의 유니크한 실 색감이 멋스럽다. 2／동물 복지와 자연을 생각하는 데 레룸 나투라(de rerum natura)의 울리스(Ulysse)는 수퍼워시 처리를 거치지 않은 실로 양모의 매력을 그대로 담고 있다. 3／커다란 창으로 빛이 들어오는 매대는 그때그때 다른 실로 채워진다. 여러 컬러와 직접 뜬 스와치, 도서가 배치되어 멋스럽다.

조금 느리지만 한 코씩 천천히, 느린멜로디

수원 상현역 도보로 3분 거리에 느린멜로디가 새롭게 문을 열었다. 카페에서 작은 클래스를 진행한 것을 시작으로 6년이 흘러 어느덧 이렇게 큰 매장이 될 줄은 꿈에도 몰랐단다. 클래스 운영은 물론 도안, 실, 키트도 판매하고 있어 뜨개를 처음 접하는 사람도 쉽게 다가갈 수 있는 곳. 새롭게 연 매장에는 넉넉한 테이블에서 자유롭게 뜨개를 할 수 있는 클래스 룸 2곳이 준비되어 있고 보그 수업은 물론 자유롭게 의류를 뜰 수 있는 취미 클래스도 준비되어 있다. 매장에서는 다양한 색상의 실과 스와치, 직접 뜬 작품, 세계 각국의 뜨개 도서를 살펴보고 원하는 제품을 선택해 클래스를 들을 수도 있다. 한국에서도 인기가 많은 이사가(ISAGER)와 코코니츠(COCOKNITS)의 제품을 중심으로 다루마(DARUMA), 제미슨 앤 스미스(Jamieson & Smith) 등의 수입실을 살펴보고 구입할 수 있다.

주소 : 경기도 수원시 영통구 법조로149번길 80, 1층
운영 시간 : 09:30~16:00 (휴게 시간 11:00~12:00, 변동 휴무 인스타그램 확인)
인스타그램 : @slowmelodii / 홈페이지 : slowmelodii.com

1／키트 맛집 느린멜로디에서 새로 선보이는 이사가의 스월 풀오버(swirl pullover) 작품. 2／항상 뜨개를 손에 놓지 않고 새로운 작품을 뜬다. 실과 도안을 직접 체험해봐야 더 잘 소개할 수 있다는 소신. 3／느린멜로디의 정체성이기도 한 이사 야. 전 색상이 걸려 있는 한쪽 벽면은 보는 것만으로 마음이 포근해진다.

프리미엄 손뜨개 편집숍, 니트 카페

한성대입구역 앞 한적한 골목에 통창으로 햇빛이 들어오는 따뜻한 느낌의 니트 카페 오프라인 매장이 있다. 뜨개 경력 16년 이상의 공방장이 오랜 경험을 바탕으로 선택한 품질이 좋은 실들을 판매하고 있어, 단순히 실을 구경하는 것만이 아니라 실제로 실의 사용감을 들어보고 용도에 맞는 실을 추천받을 수 있다. 주로 심플한 대바늘 의류와 다양한 소품이 실물로 전시되어 있어 구경하는 재미가 있는 곳. 만들고 싶은 작품을 완성하는 취미반과 전문 디자인 제도 보그반을 운영하고있어 뜨개를 체계적으로 배우고 싶은 사람들에게 소중한 공간이다. 특히 로완(ROWAN)의 여러 제품과 라비앙 에이메(La Bien Aimée), 카마로즈(CAMA ROSE)로 채워져 있는 한쪽 벽은 오래 발길을 돌리지 못할 정도로 매력적이다. 최근 프랑스 브랜드 라비앙 에이메와 함께 트렁크쇼를 열어 성공적으로 마쳤다. 한국에선 처음 있는 이벤트로 니터들에겐 소중한 경험이 되었는데, 내년에도 같은 행사를 기획하고 있다니 벌써 기대가 된다.

주소 : 서울 성북구 동소문로7길 12, 1층
운영 시간 : 월 11:00~21:00, 화~금 11:00~19:00, 토 11:00~17:00(매주 일 휴무)
인스타그램 : @knitcafe_official

1／창밖에서 들어오는 햇살을 느끼며 세계 각국의 뜨개 도서를 감상할 수 있다. 트렌디한 작품집이 많다. 2／새로 선보이는 얼룩 아베크 안나(along avec anna)의 포근한 실들. 실은 물론 다양한 굿즈도 니트 카페에서 만날 수 있다. 3／까다롭게 원사를 고르고 환경에 해를 끼치지 않는다는 철학으로 만드는 카마로즈의 밝고 경쾌한 컬러의 실들은 보는 것만으로 마음이 풍족해진다.

Couture Arrange

photograph Hironori Handa styling Masayo Akutsu hair&make-up Yuri Arai model Marie

시다 히토미의
쿠튀르 어레인지

꽃과 나뭇잎 무늬의
스캘럽 풀오버

《쿠튀르 니트 10》 중에서
이치마쓰무늬로 된 세련된 분위기의
스웨터입니다.

겨울 기운이 다가오면 그 냉기 속에 마음을 따뜻하고 편안하게 해주는 것들이 어른거리는 것을 느낄 수 있어
요. 따뜻한 음료를 옆에 두고 부드러운 촉감의 털실을 만지작거려봅니다. 무엇을 뜰까 하는 작은 즐거움이 생겨
납니다.

이번에는 《쿠튀르 니트 10》에서 입체감이 느껴지는 꽃과 등나무 무늬를 이치마쓰 모양(바둑판무늬)으로 뜬
검은색 스웨터를 어레인지해보았어요. 실루엣은 폭을 낙낙하게 잡고 길이는 조금 짧게. 소매도 세트인 슬리브
에서 스트레이트 슬리브로 바꾸고, 직선을 많이 만들어 뜨기 쉽도록 궁리했어요.

실은 모헤어가 들어간 부드러운 촉감의 혼방사입니다. 컬러는 무늬가 잘 드러나도록 은은한 블루 그레이를 골
랐어요. 무늬는 꽃과 가장자리 무늬는 그대로 남기고 등나무 무늬 부분에는 나뭇잎무늬와 가는 레이스무늬를
더했어요. 나뭇잎과 꽃 모두 옆으로 늘어선 형태이지만 사이의 레이스가 세로로 이어져서 의도치 않게 세로
라인도 두드러진 스웨터로 완성됐습니다.

겨울이기에 느낄 수 있는 털실의 따스함. 추운 밤, 바늘을 움직이면 끝없이 뜰 수 있는 행복을 느낄 수 있어요.
새삼 이 얼마나 멋지고 즐거운 뜨개인가! 하고 생각합니다.

detail

작품의 무늬는 2장이 마주 본 형태의 나뭇잎무늬, 입체감이 느껴지는 꽃, 꽃 사이에 넣은 가는 레이스무늬, 이 세 가지 무늬의 반복으로 전체를 구성하고 있어요. 꽃은 도안을 참고로 뜨되 꽃잎 크기를 맞추고 중심의 감아 뜨는 매듭이 빡빡해지지 않도록 신경 씁니다.

몸통, 소매, 가장자리는 각각 일반적인 시작코로 뜹니다. 가장자리는 맨 마지막 단과 메리야스 잇기를 합니다. 밑단은 테두리뜨기A로 앞뒤를 이어서 뜨고, 몸통과 코와 단을 잇습니다. 소맷부리는 테두리뜨기B, 칼라는 테두리뜨기C로 뜹니다. 소맷부리는 밑단과 같은 방법으로 잇습니다. 칼라는 코와 단 잇기, 단과 단은 떠서 꿰맵니다. 가장자리는 밑단, 소맷부리, 칼라, 나뭇잎의 방향을 맞춰서 잇습니다. 나뭇잎무늬가 스캘럽무늬처럼 물결을 이룹니다.

《쿠튀르 니트 10》 중에서
Knitter／마키노 게이코
How to make／P.183
Yarn／다이아몬드케이토 다이아 모헤어 두 '알파카'

Pants／하라주쿠 시카고 하라주쿠점

Knit +1

오카모토 게이코의

이번 겨울에는 재미있는 배색 뜨개를 제안합니다.
강약이 느껴지는 배색의 재미를 경험해보세요.

photograph Shigeki Nakashima styling Kuniko Okabe, Yuumi Sano
hair&make-up Hitoshi Sakaguchi model Viki G.

색을 조합하려고 해도 왠지 잘되지 않는다, 자신이 없다 하는 분들을 위해 이번에는 배색 요령을 알려드릴까 합니다. 좋아하는 색을 하나 고르고, 또 다른 색 하나를 추가하는 건 간단합니다. 하지만 색을 더해갈 때마다 밸런스가 모호해지지요. 저는 색을 고를 때는 메인 컬러를 1~2색으로 정한 다음, 색 수를 더할 때는 색의 명도에 차이를 줘서 강약을 주는 편입니다. 대표적인 배색 방법 가운데 하나인 '톤온톤 배색'입니다. 유사한 색상, 같은 톤, 같은 색감에서 명도에 차이를 주는 등 차분하고 안정감 있는 느낌을 줄 수 있습니다. 또 하나는 '악센트 배색'. 대칭적인 색상을 골라서 조합하는 조금 까다로운 배색법이지만 포인트 컬러의 비율을 5~10%로 하면 시각적으로 편안함을 줄 수 있어요. 이번에 소개할 풀오버는 '악센트 배색'입니다.

왼쪽의 긴팔 풀오버는 블랙과 베이지의 무채색을 메인으로 빨간색을 포인트로 했어요. 오른쪽의 반팔 풀오버는 무채색을 메인 컬러로 파란색을 서브 컬러, 노란색을 포인트 컬러로 썼습니다. 사용한 실은 예쁜 컬러들로 구성된 '마카롱'. 포인트 컬러에 마카롱을 넣어 화사한 분위기로 연출했습니다. 배색과 배분을 의식하면서 색상을 고르는 것도 손뜨개의 재미 중 하나입니다.

오카모토 게이코(岡本啓子)
아틀리에 케이즈케이(atelier K'sK) 주재. 니트 디자이너이자 지도자로서 전국을 바쁘게 다니고 있다. 한큐 우메다 본점 10층에 위치한 케이즈케이의 오너. 공익재단법인 일본수예보급협회 이사. 저서로《오카모토 게이코의 뜨개질 코바늘 뜨개》(일본보그사)가 있다.
http://atelier-ksk.net/
http://atelier-ksk.shop-pro.jp/

Yarn／마카롱, 에스푸마, 카푸치노

왼쪽／걸러뜨기한 배색무늬가 그래피컬한 풀오버는 고급스럽고 세련된 착장에도 어울려요. 폭신폭신한 퍼 얀 '에스푸마'를 가장자리에 사용해 더욱 매력적인 느낌을 살렸습니다.

Knitter／모리시타 아미
How to make／P.186
Yarn／카푸치노, 마카롱, 에스푸마

오른쪽／한길 긴뜨기를 기본으로 한 코바늘뜨기로 뜬 반팔 풀오버는 걸어뜨기 라인을 악센트로. 퍼로 블록을 만들어 모던한 느낌으로 완성했습니다.

Design／아틀리에 아무 하츠(Amu Hearts) 모리 시즈요
Knitter／아틀리에 아무 하츠 모리 시즈요
How to make／P.187
Yarn／마카롱, 에스푸마

심플하고 멋스러워 매일 입고 싶은 남자 니트
M·L·XL 3가지 사이즈로 뜨는 니트웨어 22점

매일 입고 싶은
남자 니트

일본보그사 지음 | 강수현 옮김 | 96쪽 | 14,000원

인기 있는 꽈배기 무늬 스웨터와 카디건, 북극곰 포인트 스위터, 모던한 배색의 베스트와 요크 스웨터 등 베이직한 디자인부터 트렌디한 디자인까지 다양한 남자 니트를 소개합니다. 책에 수록된 니트웨어와 아이템은 나이에 상관없이 일상에서 활용하기 좋습니다. 초보자를 위한 대바늘 기초 레슨도 수록해 누구나 멋진 작품을 뜰 수 있습니다.

대바늘 뜨개로 만드는 작고 귀여운 숲속 인형과 소품
인기 인스타그래머 & 유튜버 '그린도토리'의 숲속 세상!

그린도토리의
숲속 동물 손뜨개

명주현 저 | 18,000원

숲속에서 볼 수 있는 귀여운 동물과 나무, 버섯, 도토리 등 아기자기한 자연 소재 등 따뜻한 촉감이 매력적인 숲속 친구들을 가득 담았습니다. 초보 니터를 위해 기초 수업부터 단계별 난이도로 작품을 구성해 책을 따라 작품을 뜨가 보면 손뜨개의 매력에 흠뻑 빠질 수 있습니다. 보는 것만으로도 웃음이 지어지는 사랑스러운 모티브와 인형을 만나보세요.

니팅테이블의 대바늘 손뜨개 레슨

주요 뜨개 기법과 함께 익히는 손뜨개 작품 15가지

· 이윤지 지음 ·

니팅테이블의
대바늘 손뜨개 레슨

이윤지 저 | 18,000원

초보 니터부터 뜨개 마니아까지 누구나 멋진 뜨개 작품을 완성할 수 있도록 니팅테이블의 대바늘 뜨개 기법과 노하우를 듬뿍 담았습니다. 모자, 베레모, 베스트, 카디건, 풀오버 등 따뜻하고 멋스러운 다양한 겨울 대바늘 작품을 15가지 수록했습니다. '초보자를 위한 가장 친절한 수업'으로 정평이 난 니팅테이블의 뜨개 기본기부터 그림도안과 서술 도안을 함께 수록해 누구나 어렵지 않게 나만의 작품을 완성할 수 있어요.

| 포근포근 겨울 손뜨개 가방 24
다양한 패턴과 디자인으로 나만의 가방을 만들어보세요!

대바늘과 코바늘로 뜨는
겨울 손뜨개 가방

아사히신문출판 저 | 강수현 역 | 13,000원

큼지막한 가방부터 작은 토트백, 귀여운 복주머니 가방, 에코 퍼를 활용한 복슬복슬한 가방과 레이스 손가방, 트렌디한 체크와 트위드 가방까지 24가지 뜨개 가방을 소개합니다. 대바늘과 코바늘로 뜨는 다채로운 가방 디자인을 만날 수 있습니다. 초보자도, 숙련자에게도 도움이 되는 가방 만들기 팁과 가방 크기에 맞는 안감 패턴 만드는 방법도 함께 수록해 실용도가 높습니다.

신·수편기 스이돈 강좌

스윽스윽 뜨다 보니 자꾸 즐거워지는

이번에는 수편기이기 때문에 가능한 '기계 잇기'를 한 작품을 소개합니다.
꿰매기·잇기나 고무뜨기 코막음 같은 마무리 작업이 어려운 분에게 더욱 추천합니다.

photograph Hironori Handa styling Masayo Akutsu hair&make-up Yuri Arai model Marie

메리야스뜨기로 만든 하이넥 베스트는 초심자의
첫 작품에 알맞습니다. 1코 고무뜨기는 고무뜨기
코막음으로 깔끔하게 마무리하므로 귀찮은 고무
뜨기 코막음을 할 필요가 없습니다. 목둘레 만들
기와 어깨 잇기도 수편기라면 깔끔하게 완성할
수 있습니다.

Design／실버편물연구회 오쿠무라 레이코
How to make／P.190
Yarn／올림포스 트리 하우스 블레스

Shirt／하라주쿠 시카고(하라주쿠점)
Skirt／SLOW(오모테산도점)

심플한 메리야스뜨기는 수편기가 최고로 자랑
하는 뜨개바탕. 몸판과 소매 색을 바꿔서, 맨즈
라이크 풀오버로 완성했습니다. 밑단과 소맷부리
는 '타피'를 사용해 1코 고무뜨기를 하고 소매 연
결과 목둘레 연결에 기계 잇기를 활용해 도전해
보겠습니다.

Design／실버편물연구회 오쿠무라 레이코
How to make／P.191
Yarn／리치모어 스펙터 모델, 스타메

Pants, Shirt／하라주쿠 시카고(하라주쿠/진구마에점)
Cap／하라주쿠 시카고(하라주쿠점)

신·수편기 스이돈 강좌

이번에는 1코 고무뜨기 기초코 마스터에 도전합니다.
'타피 끌어올리기'는 기계 뜨개의 대표적인 기술입니다. 어깨, 목둘레, 소매는 기계 잇기를 합니다.

촬영/모리야 노리아키

1코 고무뜨기 기초코

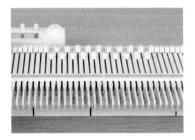

1
필요한 콧수만큼 바늘을 B 위치로 꺼내고 1/1 바늘 선침판(Needle pusher)으로 1코 걸러 하나씩 A 위치로 넣습니다.

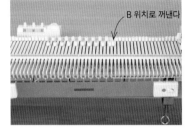

2
버림실 뜨기로 1단을 뜨고 코걸판(Cast-on comb)을 걸어 오른쪽 가장자리 옆 바늘을 B 위치로 꺼냅니다.

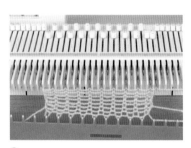

3
1코 걸러 1코 상태로 버림실 뜨기를 8~10단 뜹니다.

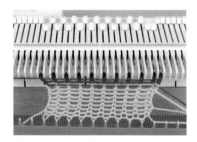

4
작품을 뜨는 실로 바꾸고 지정된 다이얼로 3단을 뜹니다. 이 3단은 준비단이라서 고무뜨기 단수에 포함되지 않습니다.

5
가장자리 2번째 안뜨기한 부분의 3단 아래 싱커 루프(작품 뜨는 실)를 옮김바늘로 주워서 단 가장자리 코에 겁니다.

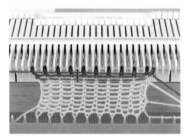

6
A 위치 바늘을 B 위치로 꺼내서 필요한 콧수만큼 제자리에 돌려놓습니다.

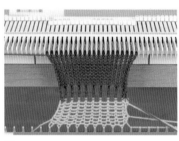

7
다이얼을 고무뜨기로 맞추고 1코 고무뜨기를 필요한 단수만큼 합니다.

8
코걸판과 무게추를 제거하고 나중에 꺼낸 뜨개바늘의 코를 빼내서 풉니다.

9
준비단의 첫 단 싱커 루프 아래에 타피(Tapper tool)를 넣고

10
2단을 건너뛰고 모든 코에서 뜨개 시작단의 싱커 루프를 타피로 잡고

11
1단씩 타피로 겉뜨기가 되도록 끌어올립니다. 이 작업을 '타피 끌어올리기'라고 합니다.

12
타피 끌어올리기를 할 때 뜨개바탕을 아래로 잡아당기면서 작업하면 싱커 루프 줍기가 수월합니다.

13
마지막까지 타피 끌어올리기를 하면 타피 끝을 바늘에 걸어 코를 제자리에 돌려놓습니다.

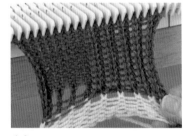

14
1코 걸러 타피 끌어올리기를 해 안뜨기를 겉뜨기로 수정합니다. 1코 고무뜨기를 완성했습니다.

※계속해서 본체를 뜬다면 다이얼을 본체 뜨기에 맞춘 후 뜹니다. 테두리뜨기는 그대로 버림실 뜨기에서 빼냅니다.

래치 넘기기를 해 휘감아 코막음으로 잇는 방법을 '기계 잇기'라고 부릅니다.
잇는 위치에 따라 래치 넘기기를 한 다음에 1단을 뜨거나 뜨지 않고 버림실 뜨기를 하기도 합니다.

수편기에 걸어서 잇는 방법 ① 어깨 잇기 : 코와 코 잇기

1
뜨개바탕 2장을 겉면끼리 맞대어 겁니다. 먼저 거는 뜨개바탕은 겉면이 앞쪽을 향하도록 하고 나중에 거는 뜨개바탕은 안면이 앞쪽을 향하게 합니다.

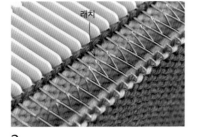

2
바늘을 D 위치로 꺼내고 먼저 건 뜨개코는 래치 안쪽으로 이동시킵니다. 나중에 건 뜨개코는 훅 안쪽에 남겨둡니다.

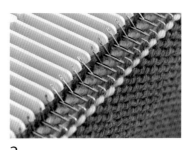

3
바늘을 한 번 C 위치로 넣고

② 소매 잇기 : 코와 단 잇기

4
가장자리부터 손으로 1코씩 B 위치로 돌려놓으며 먼저 건 뜨개코에 나중에 건 뜨개코를 통과시킵니다. 이것을 '래치 넘기기'라고 합니다.

5
모든 코를 래치 넘기기 한 모습입니다. 바깥쪽 뜨개바탕 코에 앞쪽 뜨개바탕 코가 통과한 것이 보입니다.

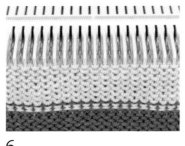

6
버림실 뜨기를 한 다음 빼내서 휘감아 막기를 합니다.

1
소매 콧수만큼 바늘을 B 위치로 꺼내고 몸판의 겉면(단)을 앞쪽으로 해서 어깨를 중심으로 가장자리 1코(2가닥)를 바늘에 겁니다.

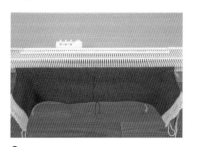

2
몸판의 단 부분(가장자리 코)을 소매 콧수만큼 걸어놓은 모습입니다.

3
소매 안면을 앞쪽으로 해서 몸판 겉면과 겹쳐서 겁니다.

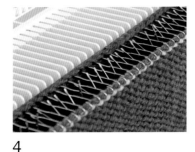

4
바늘을 D 위치로 꺼내서 몸판은 래치 건너편으로 넘기고 소매 코는 훅에 남겨둡니다.

5
어깨 잇기와 같은 방법으로 바늘을 한 번 C 위치로 돌려놓고 가장자리부터 손으로 1코씩 B 위치로 내리면서 래치 넘기기를 합니다.

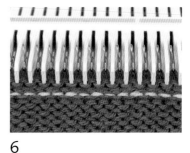

6
모든 코의 래치 넘기기가 끝나면 다이얼을 작품 뜨기로 바꾼 다음 1단을 뜨고 버림실 뜨기를 해서 빼낸 후 휘감아 코막음합니다.

휘감아 코막음
마무리용 꼬리실을 뜨개바탕 너비의 3~3.5배 길이로 자릅니다.

1
꼬리실을 돗바늘에 꿰어 왼쪽 가장자리 코의 앞쪽에서 돗바늘을 통과시킵니다.

2
다음 코의 앞쪽에서 돗바늘을 넣고 왼쪽 가장자리 코의 바깥쪽에서 앞쪽으로 돗바늘을 통과시킵니다.

3
1~2를 반복합니다.

4
앞쪽에서 건네는 실을 가르거나 아래쪽을 통과하지 않도록 조심하면서 마지막까지 코막음을 합니다. 마지막까지 코막음이 끝나면 버림실 뜨기를 풉니다.

뜨개꾼의 심심풀이 뜨개

의문의 데이터!? '뜨개 플로피디스크'가 있는 풍경

거의 연 적이 없는 골판지 상자를 연다
외장 하드, 시디롬과 함께
플로피디스크가 케이스째 나왔다

반가운 한편 플로피디스크 안에
무엇을 넣었는지 모르겠다

글자 그대로 갈겨쓴 플로피디스크의 메모
과거로 거슬러 올라가도 전혀 생각나지 않는다
무엇을 넣었는지 모르겠다

시대의 흐름과 함께 기술은 향상되어
더욱 새롭고 편리해지지만
기록할 것을 기억해야만 한다

무엇을 넣었는지 모르겠다

뜨개꾼 203gow(니마루산고)
색다른 뜨개 작품 '이상한 뜨개'를 제작하고 있다.
온 거리를 뜨개 작품으로 메우려는 게릴라 뜨개 집
단 '뜨개 기습단'을 창설했다. 백화점 쇼윈도, 패션
잡지의 배경, 미술관과 갤러리 전시, 워크숍 등 다양
하게 활동하고 있다.
https://203gow.weebly.com(이상한 뜨개 HP)

글·사진/203gow 참고 작품

뜨개 도안 보는 법

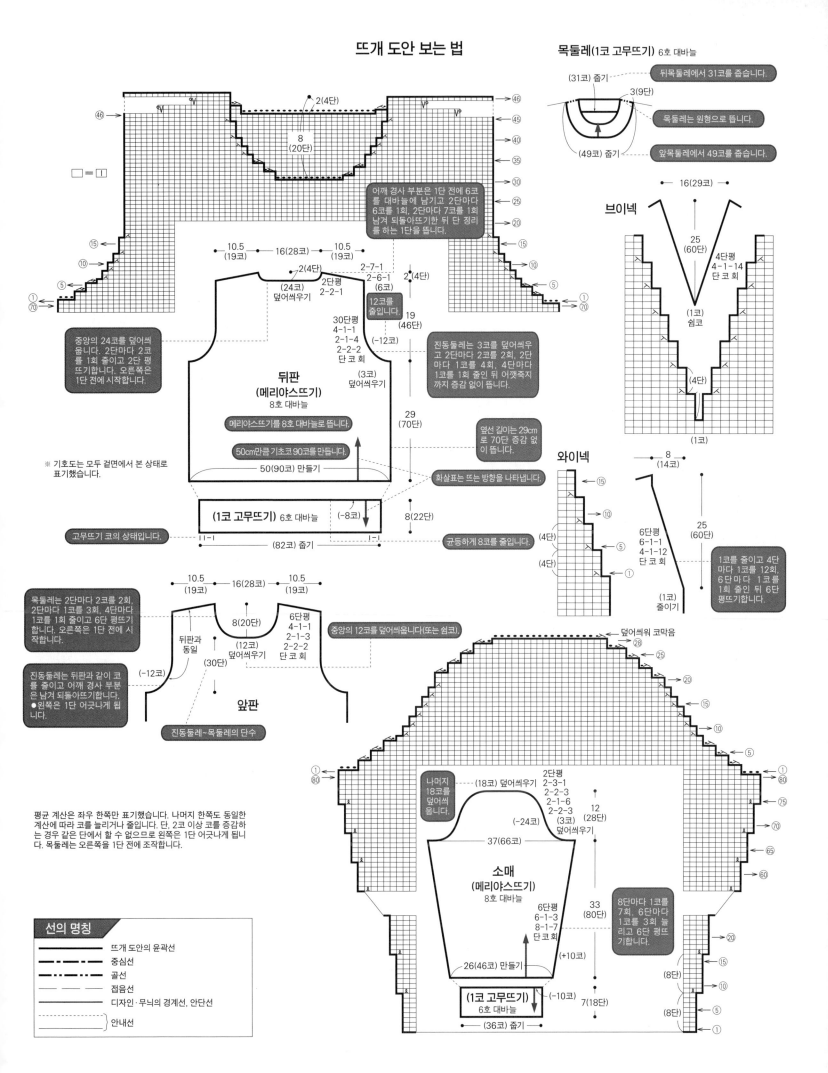

목둘레(1코 고무뜨기) 6호 대바늘

- 뒤목둘레에서 31코를 줍습니다.
- 목둘레는 원형으로 뜹니다.
- 앞목둘레에서 49코를 줍습니다.

(31코) 줍기
3(9단)
(49코) 줍기

브이넥

25(60단)
4단평
4-1-14
단 코 회
(1코) 쉼코

□ = □

2(4단)
8(20단)
어깨 경사 부분은 1단 전에 6코를 대바늘에 남기고 2단마다 6코를 1회, 2단마다 7코를 1회 남겨 되돌아뜨기한 뒤 단 정리를 하는 1단을 뜹니다.

10.5(19코) 16(28코) 10.5(19코)
2(4단)
(24코) 덮어씌우기
2단평 2-2-1
2-7-1 2-6-1 (6코)
2(4단)
12코를 줄입니다.

30단평 4-1-4 2-1-4 2-2-2 단 코 회
(3코) 덮어씌우기

중앙의 24코를 덮어씌웁니다. 2단마다 2코를 1회 줄이고 2단 평뜨기합니다. 오른쪽은 1단 전에 시작합니다.

뒤판 (메리야스뜨기) 8호 대바늘
메리야스뜨기를 8호 대바늘로 뜹니다.
50cm만큼 기초코 90코를 만듭니다.

50(90코) 만들기

진동둘레는 3코를 덮어씌우고 2단마다 2코를 2회, 2단마다 1코를 4회, 4단마다 1코를 1회 줄인 뒤 어깻죽지까지 증감 없이 뜹니다.

옆선 길이는 29cm로 70단 증감 없이 뜹니다.

화살표는 뜨는 방향을 나타냅니다.

29(70단)
19(46단)
(-12코)

(1코 고무뜨기) 6호 대바늘
고무뜨기 코의 상태입니다.
(-8코)
8(22단)
(82코) 줍기
균등하게 8코를 줄입니다.

※ 기호도는 모두 겉면에서 본 상태로 표기했습니다.

와이넥

16(29코)
15 10 5
(4단) (4단)
6단평 6-1-1 4-1-12 단 코 회
(1코) 줄이기

25(60단)
1코를 줄이고 4단마다 1코를 12회, 6단마다 1코를 1회 줄인 뒤 6단 평뜨기합니다.

목둘레는 2단마다 2코를 2회, 2단마다 1코를 3회, 4단마다 1코를 1회 줄이고 6단 평뜨기합니다. 오른쪽은 1단 전에 시작합니다.

진동둘레는 뒤판과 같이 코를 줄이고 어깨 경사 부분은 남겨 되돌아뜨기합니다.
●왼쪽은 1단 어긋나게 됩니다.

10.5(19코) 16(28코) 10.5(19코)
8(20단)
뒤판과 동일
(12코) 덮어씌우기
6단평 4-1-1 2-1-3 2-2-2 단 코 회
중앙의 12코를 덮어씌웁니다(또는 쉼코).
(30단)
(-12코)

앞판

진동둘레~목둘레의 단수

평균 계산은 좌우 한쪽만 표기했습니다. 나머지 한쪽도 동일한 계산에 따라 코를 늘리거나 줄입니다. 단, 2코 이상 코를 증감하는 경우 같은 단에서 할 수 없으므로 왼쪽은 1단 어긋나게 됩니다. 목둘레는 오른쪽을 1단 전에 조작합니다.

덮어씌워 코막음
28 25 20 15 10 5
1 80

나머지 18코를 덮어씌웁니다.
(18코) 덮어씌우기
2단평 2-3-1 2-2-3 2-1-6 2-2-3 (3코) 덮어씌우기
(-24코)

37(66코)
소매 (메리야스뜨기) 8호 대바늘

12(28단)
1 80 75 70 65 60

33(80단)
6단평 6-1-3 8-1-7 단 코 회
8단마다 1코를 7회, 6단마다 1코를 3회 늘리고 6단 평뜨기합니다.

26(46코) 만들기
(+10코)

(1코 고무뜨기) 6호 대바늘
(-10코)
7(18단)
(8단)(8단)
20 15 10 5 1
(36코) 줍기

선의 명칭
선	명칭
———	뜨개 도안의 윤곽선
—·—·—	중심선
—··—··—	골선
—···—···—	접음선
— — —	디자인·무늬의 경계선, 안단선
·········	안내선

재료

로완 펠티드 트위드 진남색 계열 믹스(Seafarer 170) 465g 10볼

도구

대바늘 4호·2호

완성 크기

가슴둘레 108cm, 기장 68cm, 화장 84cm

게이지

10×10cm 멍석뜨기 25코×33단. 무늬뜨기C 29코×33단. E 26코×33단. 무늬뜨기B는 1무늬 16코가 6.5cm, D는 1무늬 20코가 6cm, B·D 10cm에 33단

POINT

● 몸판·소매…손가락으로 거는 기초코를 만들어 뜨기 시작하고, 몸판은 무늬뜨기A~E와 멍석뜨기, 소매는 무늬뜨기A′·C·D, 멍석뜨기를 배치해 뜹니다. 래글런선, 목둘레의 줄임코는 도안을 참고 하세요. 소매 밑선의 늘림코는 1코 안쪽에서 돌려 뜨기 늘림코를 합니다.

● 마무리…래글런선, 옆선, 소매 밑선은 돗바늘로 떠서 잇기, 겨드랑이 부분의 코는 메리야스 잇기로 연결합니다. 목둘레는 지정 콧수를 주워 무늬뜨기 A″로 무늬가 이어지도록 원형뜨기합니다. 뜨개 끝 은 덮어씌워 코막음하고, 안쪽으로 접어 꿰맵니다.

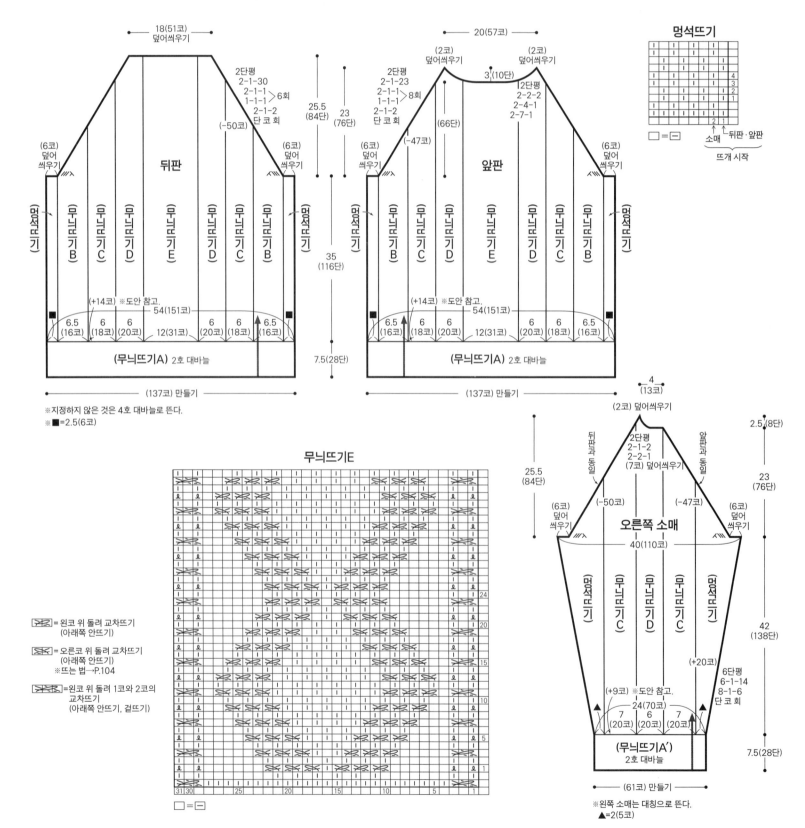

무늬뜨기D

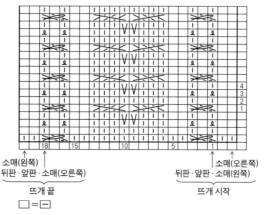

□ = ─

무늬뜨기C

소매(왼쪽)
뒤판·앞판·소매(오른쪽)

소매(오른쪽)
뒤판·앞판·소매(왼쪽)

뜨개 끝

뜨개 시작

□ = ─

⊠⊠ = 왼코 위 돌려 1코와 2코의 교차뜨기(아래쪽 안뜨기, 겉뜨기)

⊠⊠ = 왼코 위 돌려 1코와 3코의 교차뜨기

⊠⊠ = 오른코 위 돌려 1코와 3코의 교차뜨기

무늬뜨기B

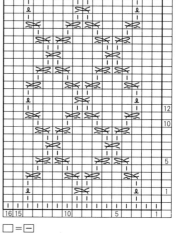

□ = ─

⊠⊠ = 오른코 위 돌려 교차뜨기

⊠⊠ = 오른코 위 돌려 교차뜨기(아래쪽 안뜨기)

⊠⊠ = 왼코 위 돌려 교차뜨기(아래쪽 안뜨기)

⊠⊠ = 왼코 위 돌려 교차뜨기

래글런선의 줄임코 (오른쪽 소매)

덮어씌워 코막음

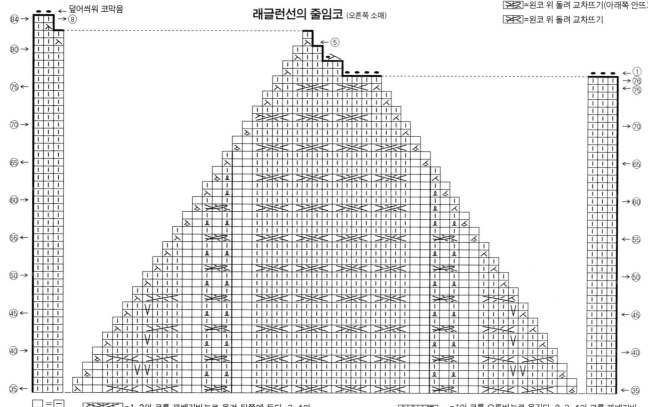

□ = ─

⊠⊠ = 1·2의 코를 꽈배기바늘로 옮겨 뒤쪽에 둔다. 3·4의
코를 겉뜨기로 뜬다. 1의 코를 겉뜨기로 뜨고, 2의 코
는 뜨지 않고 오른바늘로 옮기고, 5의 코를 겉뜨기로
뜬 다음 2의 코를 덮어씌운다.

⊠⊠ = 1의 코를 오른바늘로 옮긴다. 2·3·4의 코를 꽈배기바
늘로 옮겨 뒤쪽에 둔다. 1의 코를 왼바늘로 되돌리고,
5의 코와 1의 코를 왼코 모아뜨기로 뜬다. 2·3·4의 코
를 겉뜨기로 뜬다.

⊠⊠ = 1의 코를 오른바늘로 옮긴다. 2의 코를 꽈배기바늘로
옮겨 앞쪽에 둔다. 1의 코를 왼바늘로 되돌리고, 3의
코와 1의 코를 왼코 모아뜨기로 뜬다. 4·5·2의 코를
겉뜨기로 뜬다.

무늬뜨기A′와 늘림코 (소매)

D

C

멍석뜨기

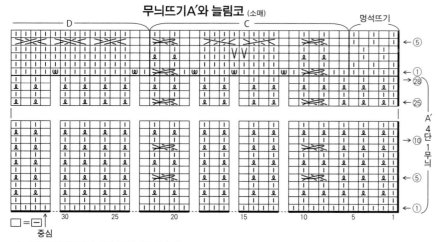

A′
4
단
1
무
늬

□ = ─

중심

※중심의 1코를 제외하고, 대칭으로 늘림코를 한다.

래글런선의 줄임코 (왼쪽 소매)

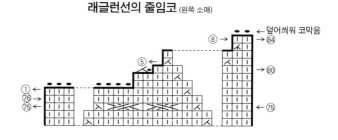

덮어씌워 코막음

102페이지로 이어집니다. ▶

101

▶ 101페이지에서 이어집니다.

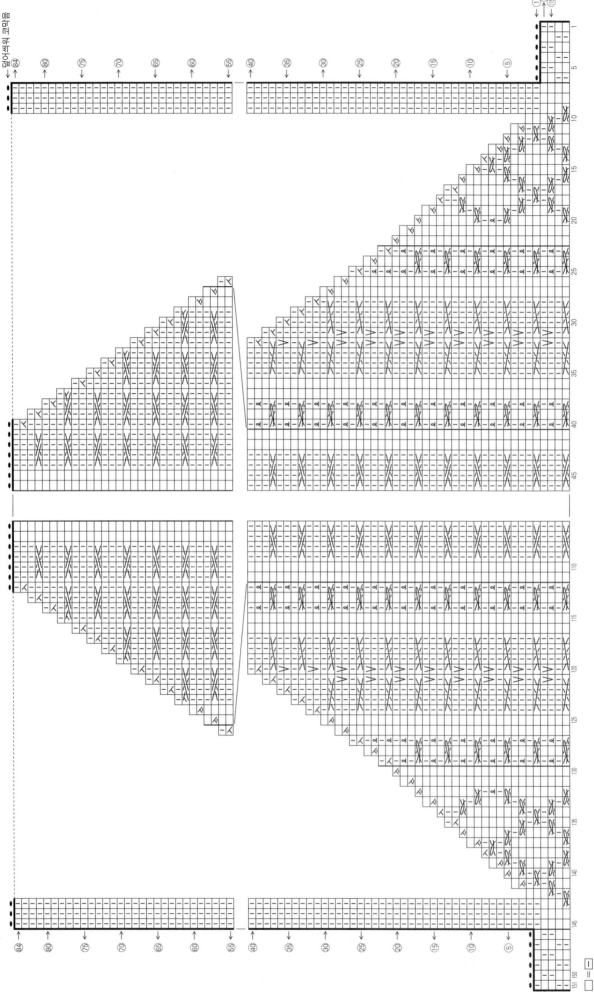

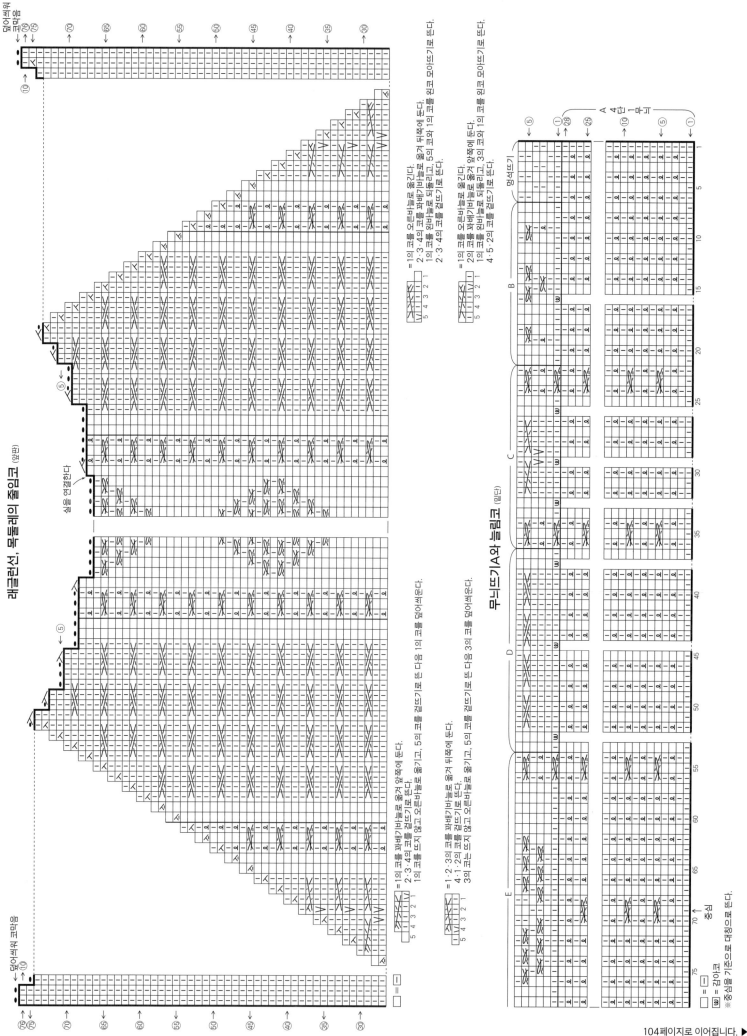

104페이지로 이어집니다. ▶

▶ 103페이지에서 이어집니다.

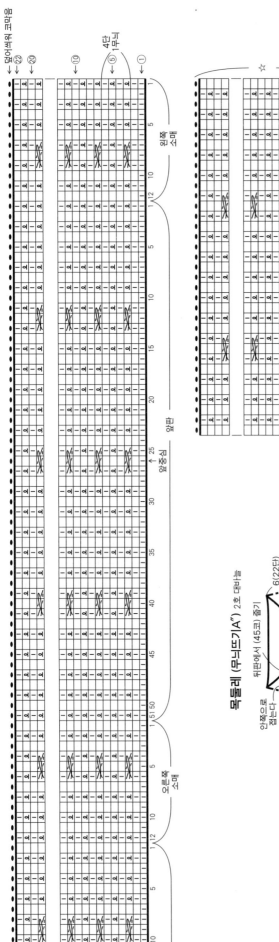

무늬뜨기A" (목둘레)

왼쪽 소매 / 오른쪽 소매

앞중심 / 뒤중심

뒤판

☆

목둘레 (무늬뜨기A") 2호 대바늘

뒤판에서 (45코) 줍기
왼쪽 소매에서 (12코) 줍기
앞판에서 (51코) 줍기
오른쪽 소매에서 (12코) 줍기
안쪽으로 접는다
6(22단)

□ = □

왼코 위 돌려 교차뜨기
(아래쪽 안뜨기)

1 왼코에, 오른코가 앞쪽에서 화살표와 같이 바늘을 넣고

2 오른코가 오른쪽으로 코를 당겨 빼서 돌려뜨기를 뜬다.

3 뜬 왼코는 그대로 둔 채 오른코를 안뜨기로 뜬다. 왼코를 바늘에서 뺀다.

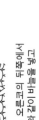

오른코 위 돌려 교차뜨기
(아래쪽 안뜨기)

1 왼코에, 오른코가 뒤쪽에서 화살표와 같이 바늘을 넣고

2 오른코가 오른쪽으로 코를 당겨 빼서 안뜨기를 뜬다.

3 뜬 왼코는 그대로 둔 채 오른코에 화살표로 바늘을 넣고, 돌려뜨기를 뜬다. 왼코를 바늘에서 뺀다.

재료

로완 펠티드 트위드 그레이 계열 믹스(Alabaster 197) 450g 9볼

도구

대바늘 4호·2호

완성 크기

가슴둘레 118cm, 기장 59cm, 화장 71.5cm

게이지

무늬뜨기B·B'는 1무늬 17코가 6cm, C는 1무늬 12코가 4cm, D·D'는 1무늬 24코가 8cm, E는 1무늬 20코가 7cm, F는 1무늬 29코가 9cm, 모두 10cm에 35단

POINT

● 몸판·소매…손가락으로 거는 기초코를 만들어 뜨기 시작하고, 몸판은 무늬뜨기A~F, 소매는 무늬뜨기A'~C, E와 안메리야스뜨기를 배치해 뜹니다. 목둘레의 줄임코는 덮어씌우기, 소매 밑선의 늘림코는 1코 안쪽에서 돌려뜨기 늘림코를 합니다.

● 마무리…★, ☆, ▲, △은 같은 모양끼리 코와 단 잇기로 연결합니다. 옆선, 소매 밑선은 돗바늘로 떠서 잇기로 연결합니다. 목둘레는 지정 콧수를 주워 무늬뜨기A"로 무늬가 이어지도록 원형뜨기합니다. 뜨개 끝은 덮어씌워 코막음하고 안쪽으로 접어서 꿰맵니다.

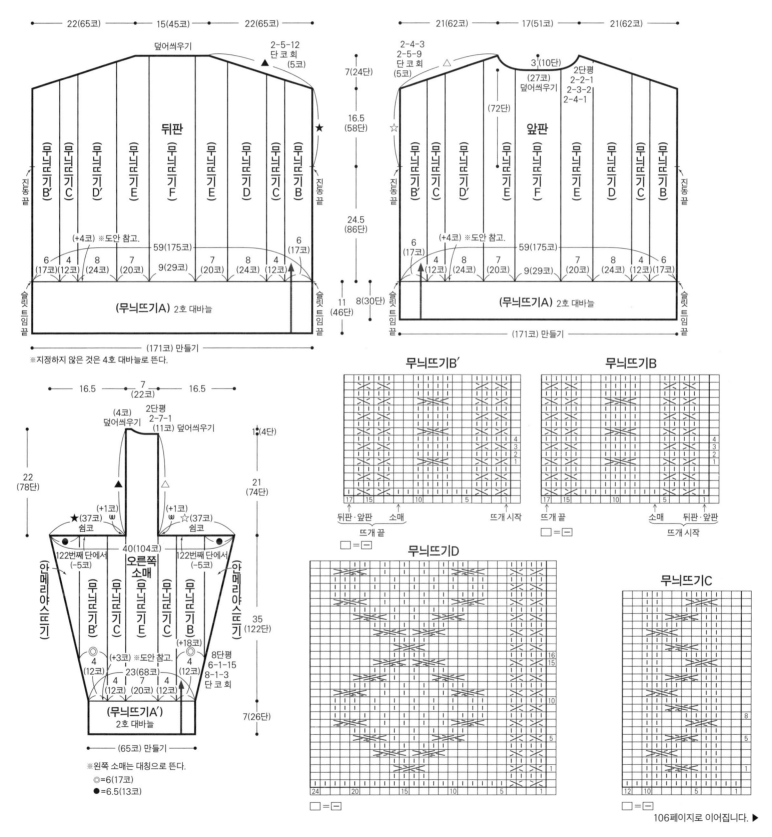

106페이지로 이어집니다. ▶

105

▶ 105페이지에서 이어집니다.

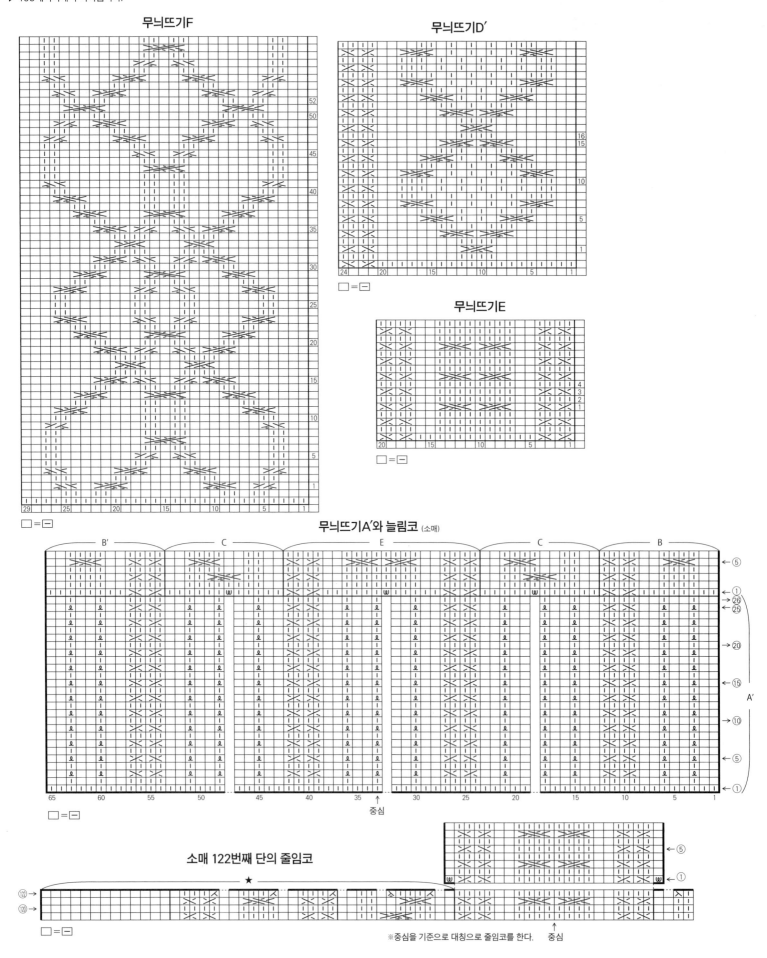

무늬뜨기F

무늬뜨기D′

□ = ⊟

무늬뜨기E

□ = ⊟

무늬뜨기A′와 늘림코 (소매)

중심

□ = ⊟

소매 122번째 단의 줄임코

□ = ⊟

※중심을 기준으로 대칭으로 줄임코를 한다.   중심

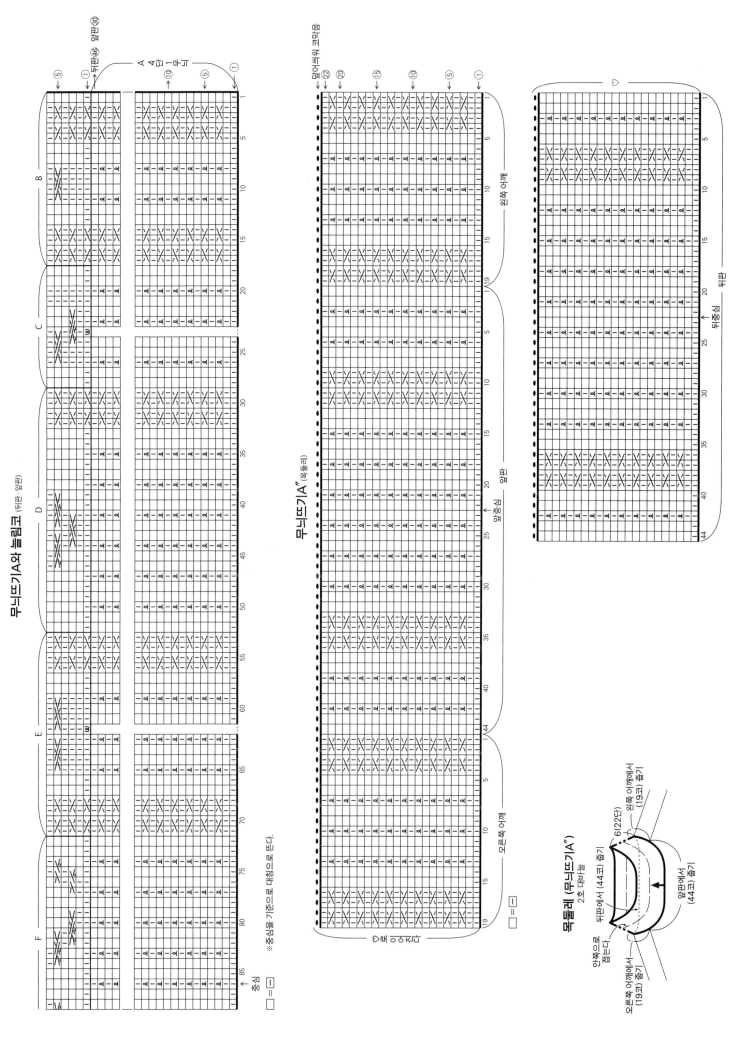

무늬뜨기A와 늘림코 (뒤판·앞판)

무늬뜨기A" (목둘레)

목둘레 (무늬뜨기A")
2호 대바늘

재료
데오리야 쿠 울 에크뤼(34) 350g, 검은색(33) 55g

도구
대바늘 8호·6호

완성 크기
기장 57cm, 화장 26cm

게이지(10×10cm)
무늬뜨기A·A′ 20코×30단, 무늬뜨기B 21.5코×
30단

POINT
● 몸판…모두 지정한 색의 실 2가닥으로 뜹니다.
손가락으로 거는 기초코를 만들어 뜨기 시작하고,

1코 고무뜨기 줄무늬A, 가터뜨기, 무늬뜨기A·B·
A′로 뜹니다. 목둘레의 줄임코는 2코 이상은 덮어
씌우기, 1코는 끝의 1코를 세우는 줄임코를 합니
다.
● 마무리…어깨는 덮어씌워 잇기로 연결합니다.
목둘레는 지정 콧수를 주워 1코 고무뜨기 줄무늬
B로 원형뜨기합니다. 줄임코는 도안을 참고하세
요. 뜨개 끝은 1코 고무뜨기 코막음을 합니다. 리
본은 몸판과 같은 방법으로 기초코를 만들어 뜨기
시작하고, 1코 고무뜨기로 뜹니다. 뜨개 끝은 덮어
씌워 코막음합니다. 도안을 참고해 리본을 지정 위
치에 답니다.

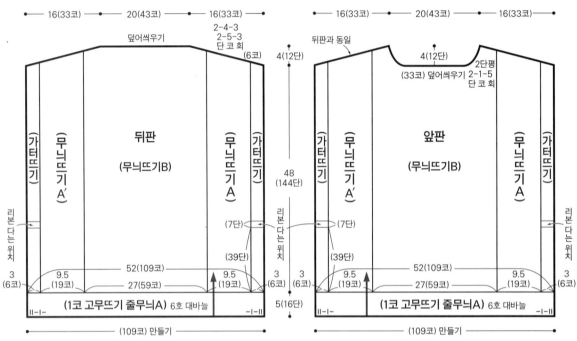

※지정하지 않은 것은 8호 대바늘, 에크뤼로 뜬다.
※모두 실 2가닥으로 뜬다.

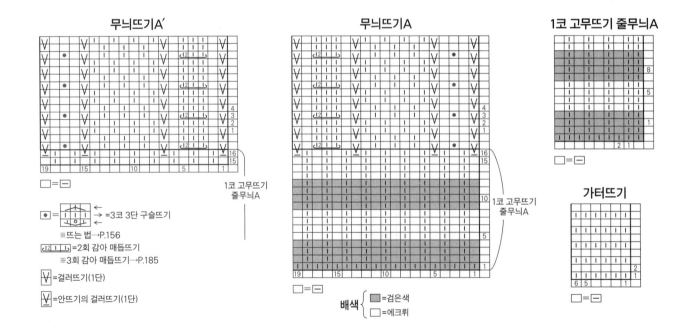

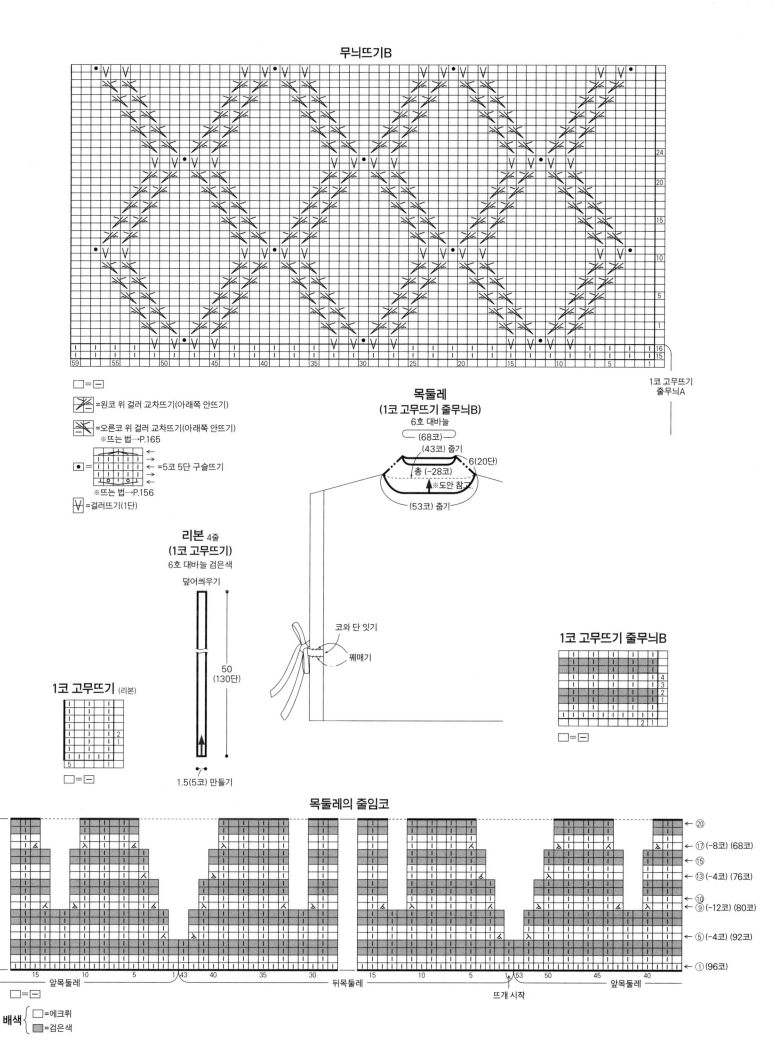

무늬뜨기B

24
20
15
10
5
1
16
15

59　55　50　45　40　35　30　25　20　15　10　5　1

1코 고무뜨기
줄무늬A

□ = ⊟

⬚ = 왼코 위 걸러 교차뜨기(아래쪽 안뜨기)

⬚ = 오른코 위 걸러 교차뜨기(아래쪽 안뜨기)
　　※뜨는 법→P.165

• = =5코 5단 구슬뜨기
　　※뜨는 법→P.156

V = 걸러뜨기(1단)

목둘레
(1코 고무뜨기 줄무늬B)
6호 대바늘

(68코)
(43코) 줄기
6(20단)
총 (-28코)
※도안 참고
(53코) 줄기

리본 4줄
(1코 고무뜨기)
6호 대바늘 검은색

덮어씌우기

50
(130단)

1.5(5코) 만들기

1코 고무뜨기 (리본)

2
1
5　1

□ = ⊟

코와 단 잇기
꿰매기

1코 고무뜨기 줄무늬B

4
3
2
1
2 1

□ = ⊟

목둘레의 줄임코

← 20
← 17 (-8코) (68코)
← 15
← 13 (-4코) (76코)
← 10
← 9 (-12코) (80코)
← 5 (-4코) (92코)
← 1 (96코)

15　10　5　1　43　40　35　30　　15　10　5　1　53　50　45　40

앞목둘레　　　　　뒤목둘레　　　　　　앞목둘레

뜨개 시작

□ = ⊟

배색 { □ =에크뤼
　　　 ▨ =검은색

모크 울 B

재료
카디건…데오리야 모크 울 B 그레이(14) 690g
모자…데오리야 모크 울 B 그레이(14) 100g
도구…대바늘 10호·8호
완성 크기
카디건…가슴둘레 124cm, 기장 54cm, 화장
72cm
모자…머리둘레 44cm, 높이 20cm
게이지
10×10cm 메리야스뜨기 17.5코×29단, 무늬뜨기
22.5코×29단. 가터뜨기는 10cm가 22.5코, 1cm
에 4단
POINT
● 카디건…몸판은 2코 고무뜨기 기초코를 만들
어 뜨기 시작하고, 2코 고무뜨기로 앞·뒤판을 연

속해서 뜹니다. 이어서 메리야스뜨기, 무늬뜨기로
뜹니다. 68단을 떴으면 오른쪽 앞판, 뒤판, 왼쪽 앞
판을 나눠서 뜹니다. 줄임코는 도안을 참고하세요.
마지막 4단은 가터뜨기로 뜨고, 뜨개 끝의 코를 쉬
어둡니다. 어깨는 덮어씌워 잇기로 연결합니다. 소
매는 몸판에서 코를 주워 메리야스뜨기와 2코 고
무뜨기로 원형뜨기합니다. 줄임코는 도안을 참고
하고 뜨개 끝은 2코 고무뜨기 코막음을 합니다. 앞
단·목둘레는 지정 콧수를 주워 2코 고무뜨기로
뜹니다. 뜨개 끝은 소매와 같은 방법으로 합니다.
● 모자…2코 고무뜨기 기초코를 만들어 뜨기 시
작하고, 2코 고무뜨기와 무늬뜨기로 원형뜨기합
니다. 줄임코는 도안을 참고하세요. 뜨개 끝은 실
을 조여서 마무리합니다. 폼폼을 만들어 지정 위치
에 답니다.

카디건

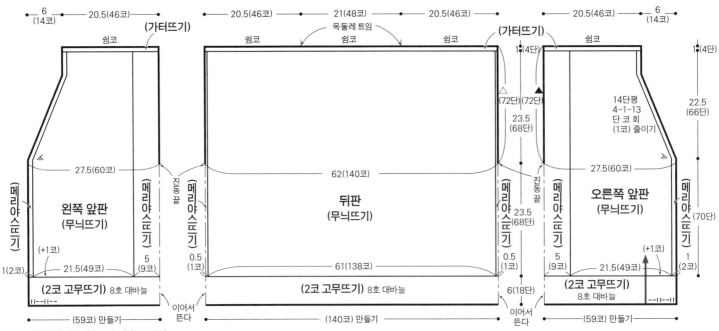

※지정하지 않은 것은 10호 대바늘로 뜬다.
※기초코는 총 (258코).

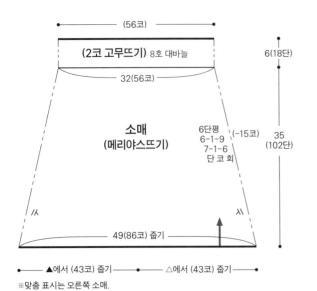

※맞춤 표시는 오른쪽 소매.

앞목둘레의 줄임코

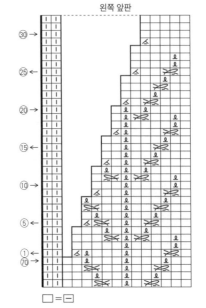
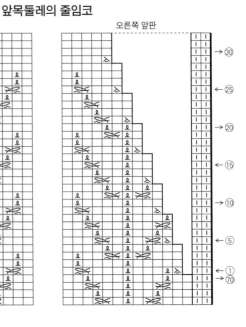

□ = □

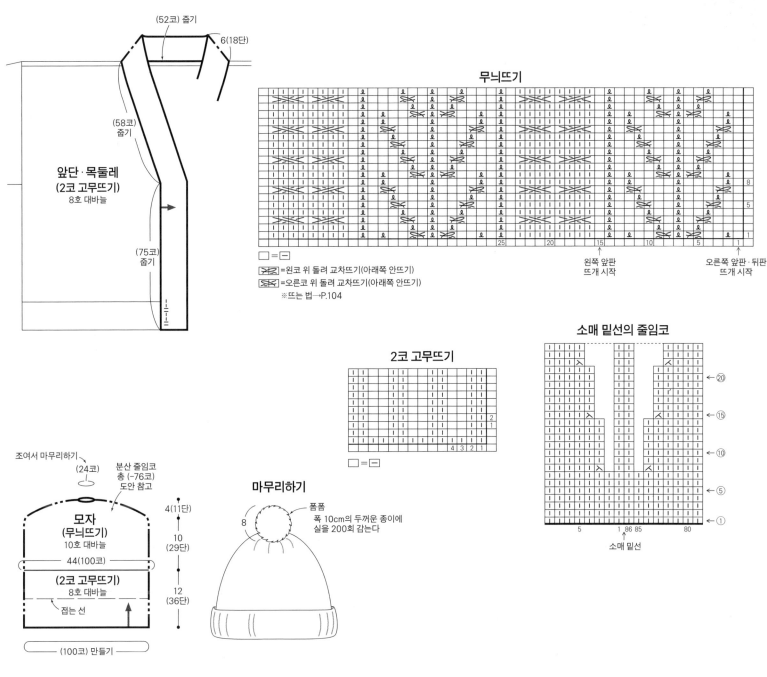

(52코) 줍기

6(18단)

(58코) 줍기

앞단·목둘레
(2코 고무뜨기)
8호 대바늘

(75코) 줍기

무늬뜨기

□ = □

✕✕ =왼코 위 돌려 교차뜨기(아래쪽 안뜨기)

✕✕ =오른코 위 돌려 교차뜨기(아래쪽 안뜨기)

※뜨는 법→P.104

왼쪽 앞판
뜨개 시작

오른쪽 앞판·뒤판
뜨개 시작

2코 고무뜨기

□ = □

소매 밑선의 줄임코

소매 밑선

모자

조여서 마무리하기
(24코)

분산 줄임코
총 (-76코)
도안 참고

4(11단)

10
(29단)

모자
(무늬뜨기)
10호 대바늘

44(100코)

(2코 고무뜨기)
8호 대바늘

접는 선

12
(36단)

(100코) 만들기

마무리하기

폼폼
폭 10cm의 두꺼운 종이에
실을 200회 감는다

8

모자의 무늬뜨기와 분산 줄임코

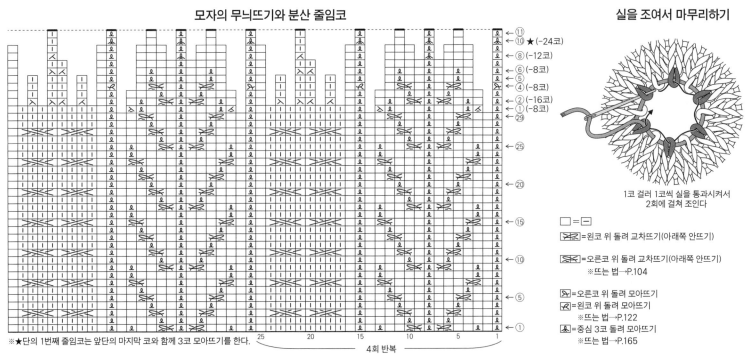

⑪
⑩ ★(-24코)
⑧(-12코)
⑥(-8코)
⑤
④(-8코)
②(-16코)
①(-8코)
㉙

←25
←20
←15
←10
←5
←①

25 20 15 10 5 1

4회 반복

※★단의 1번째 줄임코는 앞단의 마지막 코와 함께 3코 모아뜨기를 한다.

실을 조여서 마무리하기

1코 걸러 1코씩 실을 통과시켜서
2회에 걸쳐 조인다

□ = □

✕✕ =왼코 위 돌려 교차뜨기(아래쪽 안뜨기)

✕✕ =오른코 위 돌려 교차뜨기(아래쪽 안뜨기)
※뜨는 법→P.104

⚋ =오른코 위 돌려 모아뜨기
⚋ =왼코 위 돌려 모아뜨기
※뜨는 법→P.122

⚋ =중심 3코 돌려 모아뜨기
※뜨는 법→P.165

모크 울 B

재료
실…데오리야 모크 울 B 회하늘색(31) 620g
단추…지름 20mm×8개
도구…대바늘 9호·7호
완성 크기
가슴둘레 104.5cm, 기장 62cm, 화장 71.5cm
게이지
10×10cm 멍석뜨기 17코×24단, 무늬뜨기A 19코
×24단, 무늬뜨기B는 1무늬 16코가 8cm, 10cm
에 24단
POINT
● 몸판·소매…손가락으로 거는 기초코를 만들어
뜨기 시작하고, 1코 고무뜨기로 뜹니다. 이어서 도
안을 참고해 멍석뜨기, 무늬뜨기A·B·A'를 배치해
뜹니다. 앞판의 주머니 위치에는 별도의 실을 넣어
서 떠둡니다. 래글런선의 줄임코는 끝의 4코를 세

우는 줄임코를 합니다. 목둘레의 줄임코는 2코 이
상은 덮어씌우기, 1코는 끝의 1코를 세우는 줄임코
를 합니다. 소매 밑선의 늘림코는 1코 안쪽에서 돌
려뜨기 늘림코를 합니다.
● 마무리…별도의 실을 풀어서 실을 줍고, 주머니
안쪽과 주머니 입구를 뜹니다. 주머니 입구의 뜨개
끝은 겉뜨기는 겉뜨기로, 안뜨기는 안뜨기로 뜨면
서 덮어씌워 코막음합니다. 래글런선, 옆선, 소매 밑
선은 돗바늘로 떠서 잇기, 겨드랑이 부분의 코는 메
리야스 잇기로 연결합니다. 앞단은 몸판과 같은 방
법으로 뜨기 시작하고, 1코 고무뜨기로 뜹니다. 왼
쪽 앞단에는 단춧구멍을 만듭니다. 뜨개 끝의 코를
쉬어두고, 돗바늘로 떠서 잇기로 몸판과 합칩니다.
목둘레는 앞단, 몸판, 소매에서 지정 콧수를 주워
1코 고무뜨기로 뜹니다. 뜨개 끝은 주머니 입구와
같은 방법으로 합니다. 단추를 달아서 완성합니다.

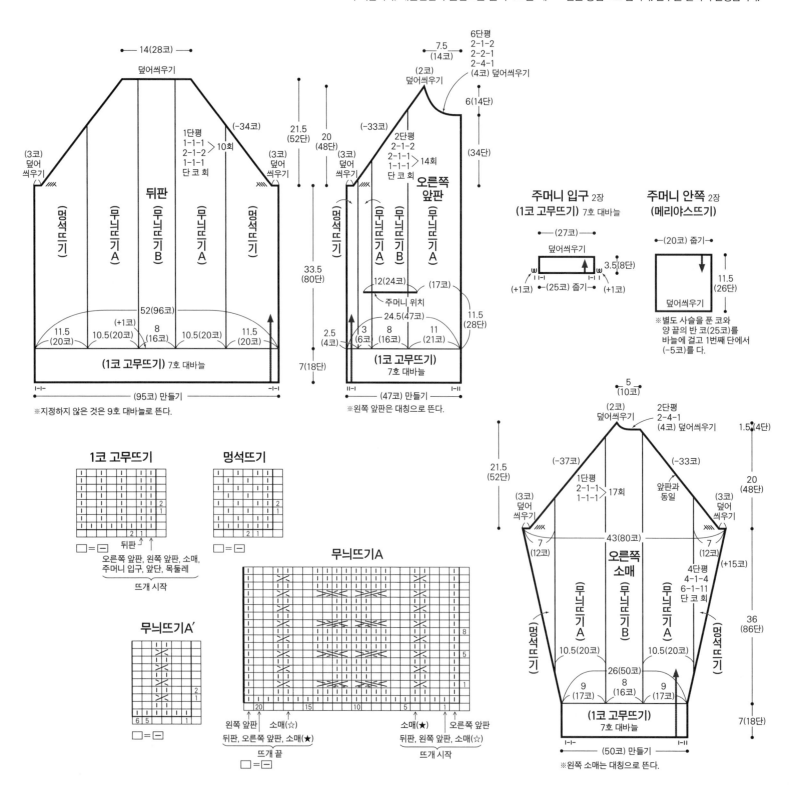

오른쪽 앞판의 래글런선과 목둘레의 줄임코

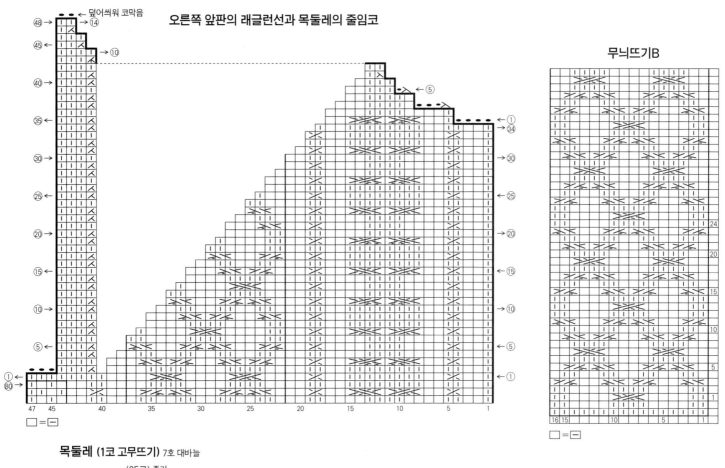

무늬뜨기B

□ = ━

목둘레 (1코 고무뜨기) 7호 대바늘

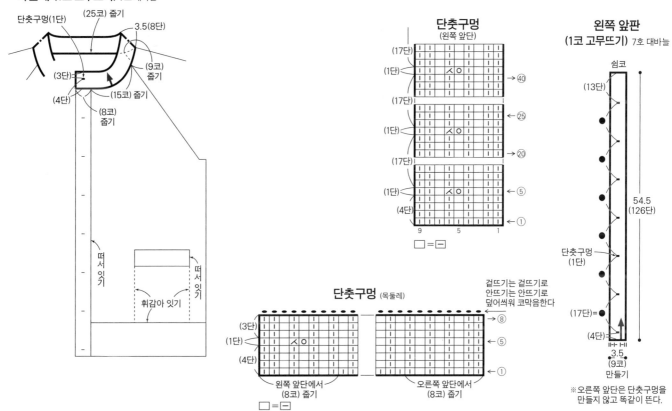

단춧구멍(1단)
(25코) 줄기
3.5(8단)
(3단)
(4단)
(9코) 줄기
(15코) 줄기
(8코) 줄기
떠서 잇기
휘감아 잇기
떠서 잇기

단춧구멍
(왼쪽 앞단)

(17단)
(1단) → ㊵
(17단)
(1단) ← ㉕
(17단) → ⑳
(1단)
(4단) ← ⑤
① ①

□ = ━

왼쪽 앞판
(1코 고무뜨기) 7호 대바늘

쉼코
(13단)
54.5
(126단)
단춧구멍
(1단)
(17단) =
(4단) =
3.5
(9코)
만들기

※오른쪽 앞단은 단춧구멍을
만들지 않고 똑같이 뜬다.

단춧구멍 (목둘레)

걸뜨기는 걸뜨기로
안뜨기는 안뜨기로
덮어씌워 코막음한다.

(3단) → ⑧
(1단) ← ⑤
(4단) ← ①
왼쪽 앞단에서
(8코) 줄기
오른쪽 앞단에서
(8코) 줄기

□ = ━

114페이지로 이어집니다. ▶

▶ 113페이지에서 이어집니다.

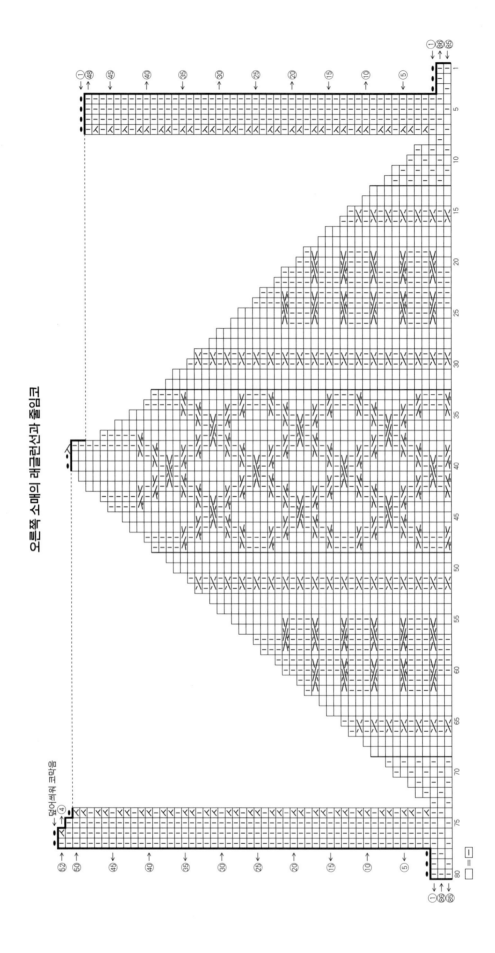

★ 개수는 작품을 선택하는 기준으로 참고해주세요. ★…초심자도 안심, ★★…자신이 조금 생겼다면, ★★★…끈기도 겸비한 중·상급자, ★★★★…솜씨에 자신 있음. 실은 실물 크기입니다.

재료

실…올림포스 트리 하우스 블레스 연갈색(809)
590g 15볼

단추…지름 18mm×10개

도구…대바늘 6호·5호

완성 크기

가슴둘레 111cm, 기장 60cm, 화장 74cm

게이지(10×10cm)

무늬뜨기A 29코×30단, 무늬뜨기B 23.5코×30단

POINT

● 몸판·소매…손가락으로 거는 기초코를 만들어 뜨기 시작하고, 뒤판과 소매는 2코 고무뜨기, 앞판은 2코 고무뜨기와 무늬뜨기B로 뜹니다. 이어서

도안을 참고해 무늬뜨기A·B, 안메리야스뜨기를 배치해 뜹니다. 오른쪽 앞단에는 단춧구멍을 만듭니다. 앞목둘레의 늘림코는 도안을 참고하세요. 소매 밑선의 늘림코는 1코 안쪽에서 돌려뜨기 늘림코로 합니다. 어깨, 뒤목둘레, 소매는 마지막 단에서 줄임코를 합니다. 소매의 뜨개 끝은 덮어씌워 코막음을 합니다.

● 마무리…어깨는 덮어씌워 잇기, 소매는 코와 단 잇기로 몸판과 합칩니다. 옆선, 소매 밑선은 돗바늘로 떠서 잇기로 연결합니다. 뒤목둘레는 몸판의 지정 위치에서 코를 주워 무늬뜨기B로 뜹니다. 늘림코는 도안을 참고하고, 뜨개 끝은 소매와 같은 방법으로 합니다. 목둘레는 안면을 보면서 코와 단 잇기로 합칩니다. 단추를 달아서 완성합니다.

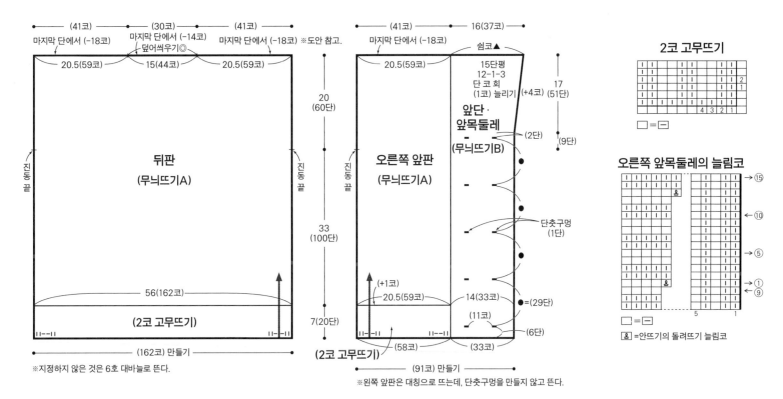

2코 고무뜨기

□ = −

오른쪽 앞목둘레의 늘림코

□ = −

🔃 =안뜨기의 돌려뜨기 늘림코

※지정하지 않은 것은 6호 대바늘로 뜬다.

※왼쪽 앞판은 대칭으로 뜨는데, 단춧구멍을 만들지 않고 뜬다.

무늬뜨기A

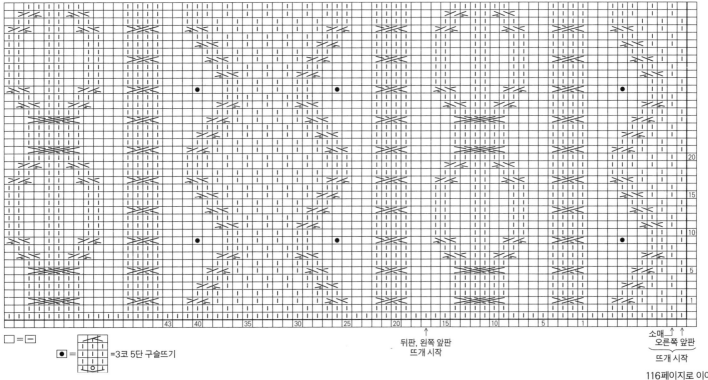

□ = −

● = 3코 5단 구슬뜨기

116페이지로 이어집니다. ▶

▶ 115페이지에서 이어집니다.

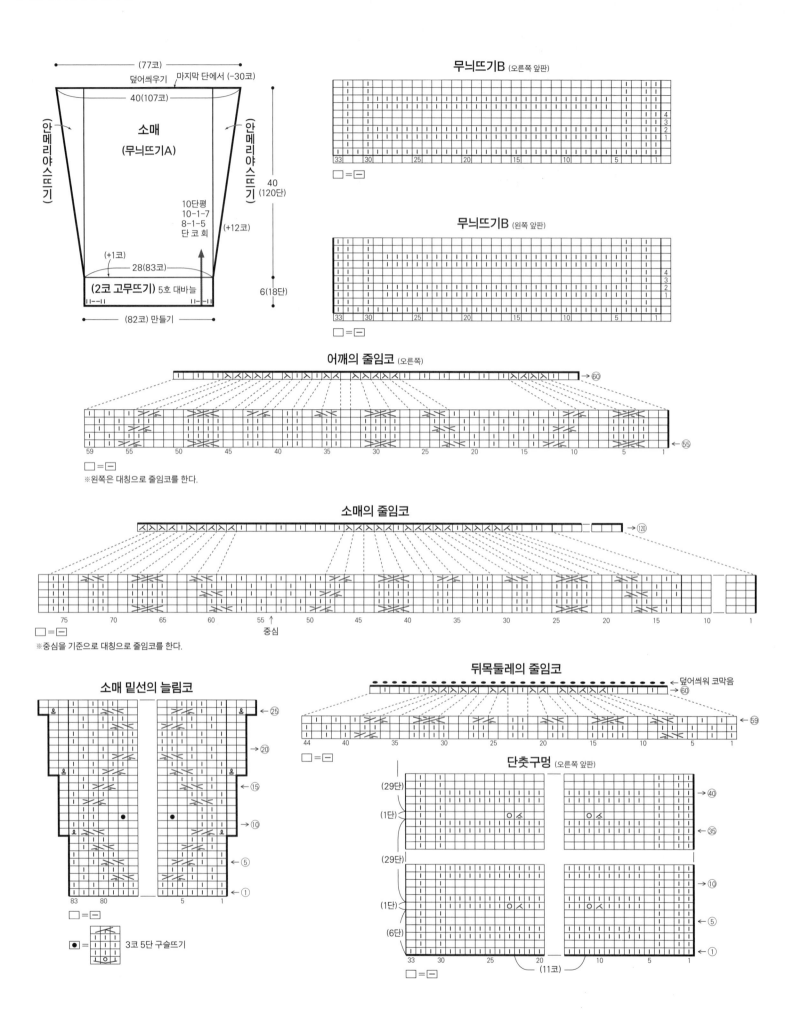

무늬뜨기B (오른쪽 앞판)

□ = ─

무늬뜨기B (왼쪽 앞판)

□ = ─

소매
(무늬뜨기A)

덮어씌우기 마지막 단에서 (-30코)
(77코)
40(107코)
(안메리야스뜨기)
40
(120단)
10단평
10-1-7
8-1-5
단 코 회
(+12코)
(+1코)
28(83코)
(2코 고무뜨기) 5호 대바늘
6(18단)
(82코) 만들기

어깨의 줄임코 (오른쪽)

□ = ─
※왼쪽은 대칭으로 줄임코를 한다.

소매의 줄임코

중심

□ = ─
※중심을 기준으로 대칭으로 줄임코를 한다.

소매 밑선의 늘림코

□ = ─

● = 3코 5단 구슬뜨기

뒤목둘레의 줄임코

덮어씌워 코막음

□ = ─

단춧구멍 (오른쪽 앞판)

(29단)
(1단)
(29단)
(1단)
(6단)
(11코)

□ = ─

뒤목둘레 (무늬뜨기B)

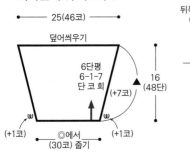

25(46코)

덮어씌우기

6단평
6-1-7
단 코 회

16
(48단)

(+7코)

◎에서
(30코) 줄기

(+1코)   (+1코)

목둘레 마무리하기

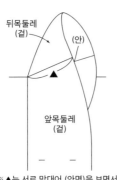

뒤목둘레
(겉)

(안)

앞목둘레
(겉)

※ ▲는 서로 맞대어 (안면)을 보면서
코와 단 잇기로 연결한다.

무늬뜨기B (목둘레)

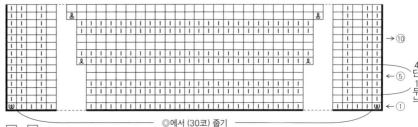

→ ⑩

← ⑤

4
단
1
무
늬

→ ①

◎에서 (30코) 줄기

☐ = −

ⓦ = 감아코
※뜨는 법→P.129

ⓛ = 돌려뜨기 늘림코

ⓛ = 안뜨기의 돌려뜨기 늘림코

한길 긴 5코 팝콘뜨기 (1코에 뜨기)

1 1코에 한길 긴뜨기 5코를 뜨고, 잠시 바늘을 빼서 한길 긴뜨기의 첫 코와 잠시 빼둔 고리에 바늘을 넣는다.

코를 당겨서 빼다

2 빼두었던 고리를 1번째 코로 통과시켜 빼다.

3 다시 사슬을 1코 떠서 코를 조여 완성한다.

한길 긴 5코 팝콘뜨기 (다발에 뜨기)

5코를 뜬다

1 바늘에 실을 걸고, 화살표와 같이 바늘을 넣어 한길 긴뜨기 5코를 뜬다. 잠시 바늘을 뺀다.

코를 당겨서 빼다

2 1번째 코와 빼두었던 고리에 바늘을 넣고, 빼두었던 코를 당겨서 빼다.

3 사슬 1코를 떠서 코를 조인다.

조이는 코

4 한길 긴 5코 팝콘뜨기(다발에 뜨기)를 2개 뜬 모습.

긴 3코 변형 구슬뜨기 (1코에 뜨기)

1 바늘에 실을 걸고, 미완성의 긴뜨기 3코를 1코에 뜬다.

2 바늘에 실을 걸고, 바늘에 걸려 있는 고리 6개를 한 번에 뺀다.

3 바늘에 실을 걸고, 남은 2개의 고리를 뺀다.

4 머리가 예쁘게 조여져 완성된다.

긴 3코 변형 구슬뜨기 (다발에 뜨기)

1 바늘에 실을 걸고, 앞단의 사슬코를 다발(푹 넣는다)로 주워 미완성의 긴뜨기 3코를 뜬다.

2 바늘에 실을 걸고, 바늘에 걸려 있는 고리 6개를 한 번에 뺀다.

3 바늘에 실을 걸고, 남은 2개의 고리를 뺀다.

4 머리가 예쁘게 조여져 완성된다.

재료

베스트…올림포스 트리 하우스 리브스 그레이(12)
455g 12볼

모자…올림포스 트리 하우스 리브스 그레이(12)
75g 2볼

단추(베스트용)…지름 19mm×4개

도구

대바늘 9호·7호

완성 크기

베스트…가슴둘레 109cm, 어깨너비 40cm, 기장
60cm

모자…머리둘레 52cm, 높이 25.5cm

게이지

10×10cm 무늬뜨기A·A' 21코×25.5단. 무늬뜨
기B는 1무늬 8코가 2.5cm, C는 1무늬 18코가
7.5cm, D는 1무늬 10코가 5cm, B·C·D 10cm에
25.5단. 10×10cm에 무늬뜨기E 20코×25.5단

POINT

● 베스트…별도 사슬로 기초코를 만들어 뜨기 시
작하고, 무늬뜨기A~D를 배치해 뜹니다. 진동둘
레, 목둘레의 줄임코는 2코 이상은 덮어씌우기,
1코는 끝의 1코를 세우는 줄임코를 합니다. 마지막
단은 도안을 참고해 줄임코를 합니다. 밑단은 기초
코의 사슬을 풀어 코를 줍고, 1코 고무뜨기로 뜹니
다. 뜨개 끝은 1코 고무뜨기 코막음을 합니다. 어
깨는 덮어씌워 잇기, 옆선은 돗바늘로 떠서 잇기로
연결합니다. 앞단·목둘레·진동둘레는 지정 콧수
를 주워 1코 고무뜨기로 뜹니다. 왼쪽 앞단에는 단
춧구멍을 만듭니다. 뜨개 끝은 밑단과 같은 방법
으로 합니다. 단추를 달아서 완성합니다.

● 모자…별도 사슬로 기초코를 만들어 뜨기 시작
하고, 메리야스뜨기, 무늬뜨기E로 원형뜨기합니
다. 분산 줄임코는 도안을 참고하세요. 뜨개 끝은
실을 조여서 마무리합니다. 뜨개 시작의 별도 사
슬을 풉니다.

베스트

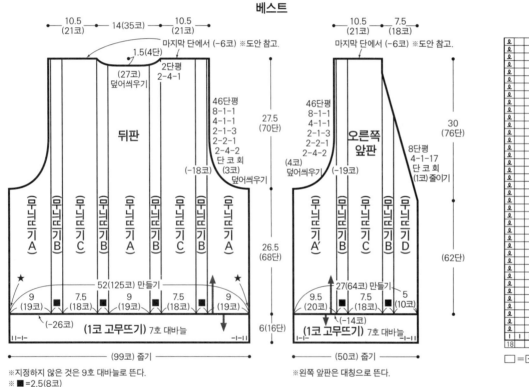

※지정하지 않은 것은 9호 대바늘로 뜬다.
※■=2.5(8코)

※왼쪽 앞판은 대칭으로 뜬다.

무늬뜨기C

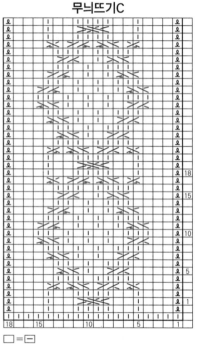

□=□

무늬뜨기A

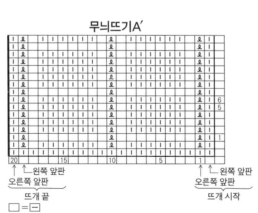

□=□
※★의 끝 코는 겉뜨기로 뜬다.

무늬뜨기A'

왼쪽 앞판
오른쪽 앞판
뜨개 끝
□=□

무늬뜨기B

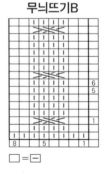

무늬뜨기D

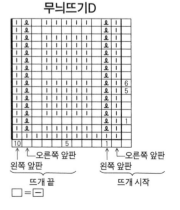

□=□

앞단·목둘레, 진동둘레
(1코 고무뜨기) 7호 대바늘

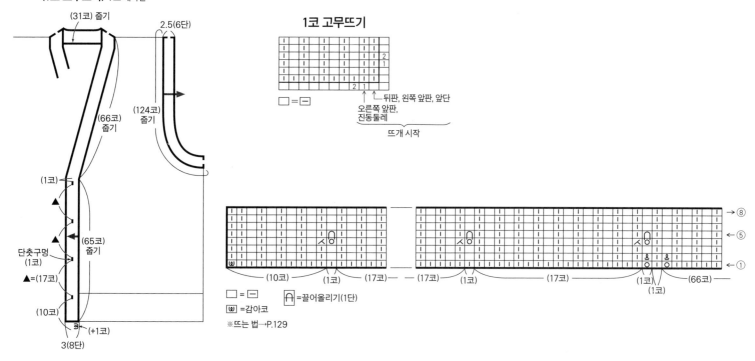

(31코) 줍기

2.5(6단)

(66코) 줍기

(124코) 줍기

(1코)

(65코) 줍기

단춧구멍
(1코)

▲=(17코)

(10코)

3(8단)

(+1코)

1코 고무뜨기

□ = ⊟

뒤판, 왼쪽 앞판, 앞단
오른쪽 앞판,
진동둘레

뜨개 시작

→ ⑧
← ⑤
← ①

(10코) (1코) (17코) (17코) (1코) (17코) (1코) (66코)

□ = ⊟   Ⴖ =끌어올리기(1단)
ⓦ =감아코
※뜨는 법→P.129

어깨의 줄임코

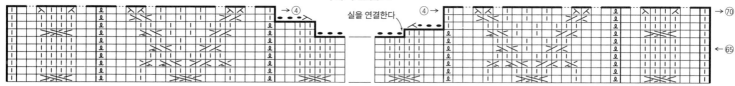

→ ⑦⓪
← ⑥⑤
실을 연결한다

□ = ⊟

무늬뜨기E와 분산 줄임코

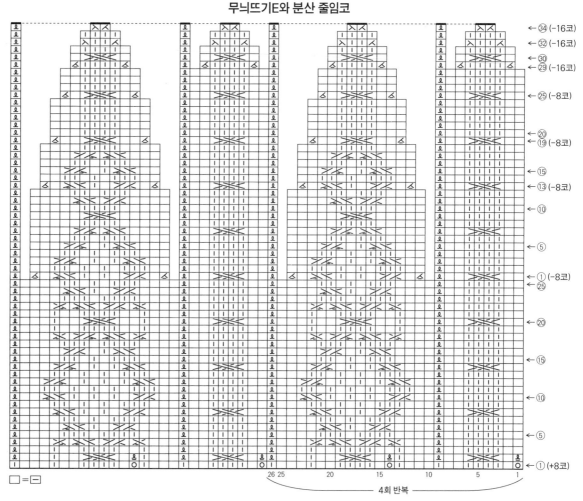

← ㉔ (-16코)
← ㉜ (-16코)
← ㉚ (-16코)
← ㉙ (-16코)
← ㉕ (-8코)
← ⑳
← ⑲ (-8코)
← ⑮
← ⑬ (-8코)
← ⑩
← ⑤
← ① (-8코)
← ㉕
← ⑳
← ⑮
← ⑩
← ⑤
← ① (+8코)

26 25   20   15   10   5   1
4회 반복

모자

실을 조여서 마무리하기

(24코)

분산 줄임코
총 (-80코.)
※도안 참고.

모자
(무늬뜨기E)

(+8코)
52(104코)

(메리야스뜨기)

(96코) 만들기

13 (34단)
10 (25단)
2.5(6단)

※모두 9호 대바늘로 뜬다.
※실을 조여서 마무리하기→P.111

메리야스뜨기

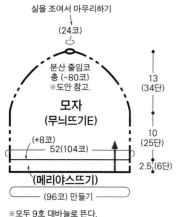

6
5
1   ← 코 줍기

※ 별도 사슬로 기초코를 만들어 코를
줍는다. 2번째 단은 돌려뜨기를 한
다. 마지막에 별도 사슬을 푼다.

□ = ⊟

재료
풀오버…나이토상사 브란도 청록(134) 625g 16볼
모자…나이토상사 브란도 청록(134) 95g 3볼
도구…대바늘 7호·5호·4호
완성 크기
풀오버…가슴둘레 114cm, 기장 57.5cm, 화장 72.5cm
모자…머리둘레 50cm, 높이 27cm
게이지
10×10cm 무늬뜨기A 21코×33.5단, 무늬뜨기F 27코×31.5단, 무늬뜨기B는 1무늬 7코가 3cm, C는 1무늬 24코가 8cm, D는 1무늬 20코가 7cm, B·C·D 10cm에 33.5단
POINT
● 풀오버…몸판은 별도 사슬로 기초코를 만들어 뜨기 시작하고, 무늬뜨기A~D, 안메리야스뜨기, 가터뜨기를 배치해 뜹니다. 뒤목둘레의 줄임코는 2코 이상은 덮어씌우기, 1코는 끝의 1코를 세우는 줄임코를 합니다. 앞목둘레의 줄임코는 도안을 참고하세요. 어깨는 덮어씌워 잇기로 연결합니다. 소매는 지정 콧수를 주워 무늬뜨기A·D로 뜹니다. 소매 밑선의 줄임코는 끝의 1코를 세우는 줄임코를 합니다. 이어서 소맷부리는 가터뜨기와 무늬뜨기로 뜨고, 뜨개 끝은 돌려뜨기 코를 돌리면서 2코 고무뜨기 코막음을 합니다. 옆선, 소매 밑선은 돗바늘로 떠서 잇기로 연결합니다. 밑단은 기초코의 사슬을 풀어 코를 줍고, 앞밑단의 양 끝은 감아 코로 코를 만들고, 뒤밑단의 양 끝은 끝 코에 걸려 있는 실을 꼬아 늘림코를 만들어서 가터뜨기와 무늬뜨기E로 뜹니다. 뜨개 끝은 소맷부리와 같은 방법으로 합니다. 목둘레는 지정 콧수를 주워 테두리뜨기A로 원형뜨기하고, 뜨개 끝은 소맷부리와 같은 방법으로 합니다.
● 모자…손가락으로 거는 기초코를 만들어 뜨기 시작하고, 테두리뜨기B, 무늬뜨기F로 원형뜨기합니다. 분산 증감코는 도안을 참고하세요. 이어서 아이코드를 뜹니다. 뜨개 끝은 실을 통과시켜 조이고, 도안을 참고해 묶습니다.

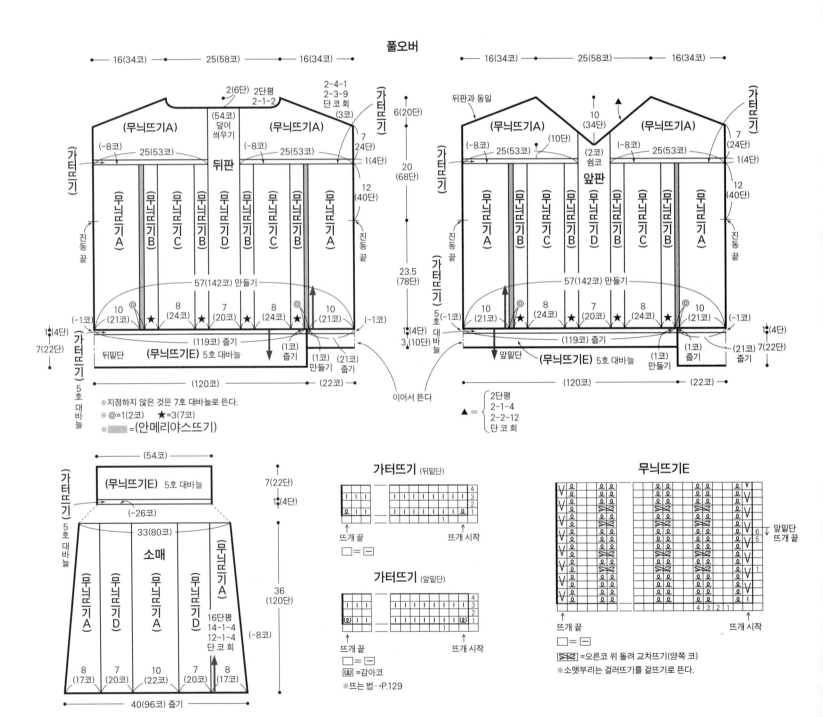

무늬뜨기D

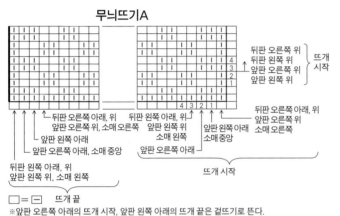

□ = □   ⧓ =오른코 위 돌려 교차뜨기(중앙에 안뜨기 2코 넣기)

무늬뜨기A

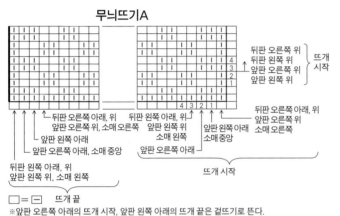

뒤판 오른쪽 위
뒤판 왼쪽 위
앞판 오른쪽 위
앞판 왼쪽 위 } 뜨개
시작

4
3
2
1

뒤판 오른쪽 아래, 위
앞판 오른쪽 위, 소매 오른쪽
앞판 왼쪽 아래
앞판 오른쪽 아래, 소매 중앙
뒤판 왼쪽 아래, 위
앞판 왼쪽 위, 소매 왼쪽

뒤판 왼쪽 아래, 위
앞판 왼쪽 위
소매 왼쪽
앞판 오른쪽 아래
앞판 왼쪽 아래
소매 중앙
뒤판 오른쪽 아래, 위
앞판 오른쪽 위
소매 오른쪽

뜨개 시작

□ = □   뜨개 끝

※앞판 오른쪽 아래의 뜨개 시작, 앞판 왼쪽 아래의 뜨개 끝은 겉뜨기로 뜬다.

무늬뜨기B

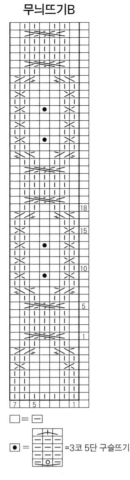

□ = □

 =3코 5단 구슬뜨기

무늬뜨기C

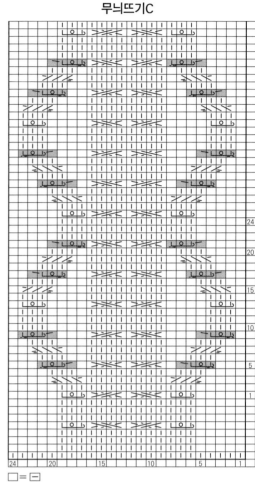

□ = □

ﾆﾛﾌb =왼코에 꿴 매듭뜨기(3코일 때)

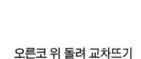 =1의 코를 꽈배기바늘로 옮겨 뒤쪽에 둔다.
2·3·4의 코로 왼코에 꿴 매듭뜨기를 뜬다.
뒤쪽에 둔 코를 안뜨기로 뜬다.

 =1·2·3의 코를 꽈배기바늘로 옮겨 앞쪽에 둔다.
4의 코를 안뜨기로 뜬다.
앞쪽에 둔 3코를 왼바늘로 되돌려서
왼코에 꿴 매듭뜨기를 뜬다.

목둘레 (테두리뜨기A) 5호 대바늘

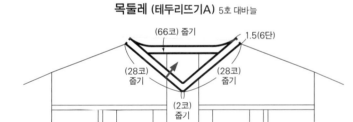

(66코) 줄기
1.5(6단)
(28코) 줄기
(28코) 줄기
(2코) 줄기

테두리뜨기A

앞중심

□ = □

오른코 위 돌려 교차뜨기
(양쪽 코)

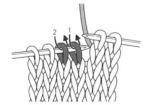

1 1·2 순으로 오른바늘로 코를 옮긴다.

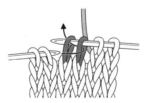

2 왼바늘을 화살표와 같이 넣어 코를 왼바늘로 되돌린다.

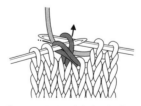

3 오른코에 뒤쪽에서 바늘을 넣고 돌려뜨기를 뜬다.

4 왼코도 화살표와 같이 오른바늘을 넣고 돌려뜨기를 뜬다.

왼코에 꿴 매듭뜨기
(3코일 때)

1 3코 앞의 코에 바늘을 넣고 화살표와 같이 오른쪽 2코에 덮어씌운다.

2 오른코에 바늘을 넣고 겉뜨기를 뜬다.

3 걸기코를 한 다음, 왼코에 바늘을 넣고 겉뜨기를 뜬다.

4 3코일 때 왼코에 꿴 매듭뜨기 완성.

122페이지로 이어집니다. ▶

▶ 121페이지에서 이어집니다.

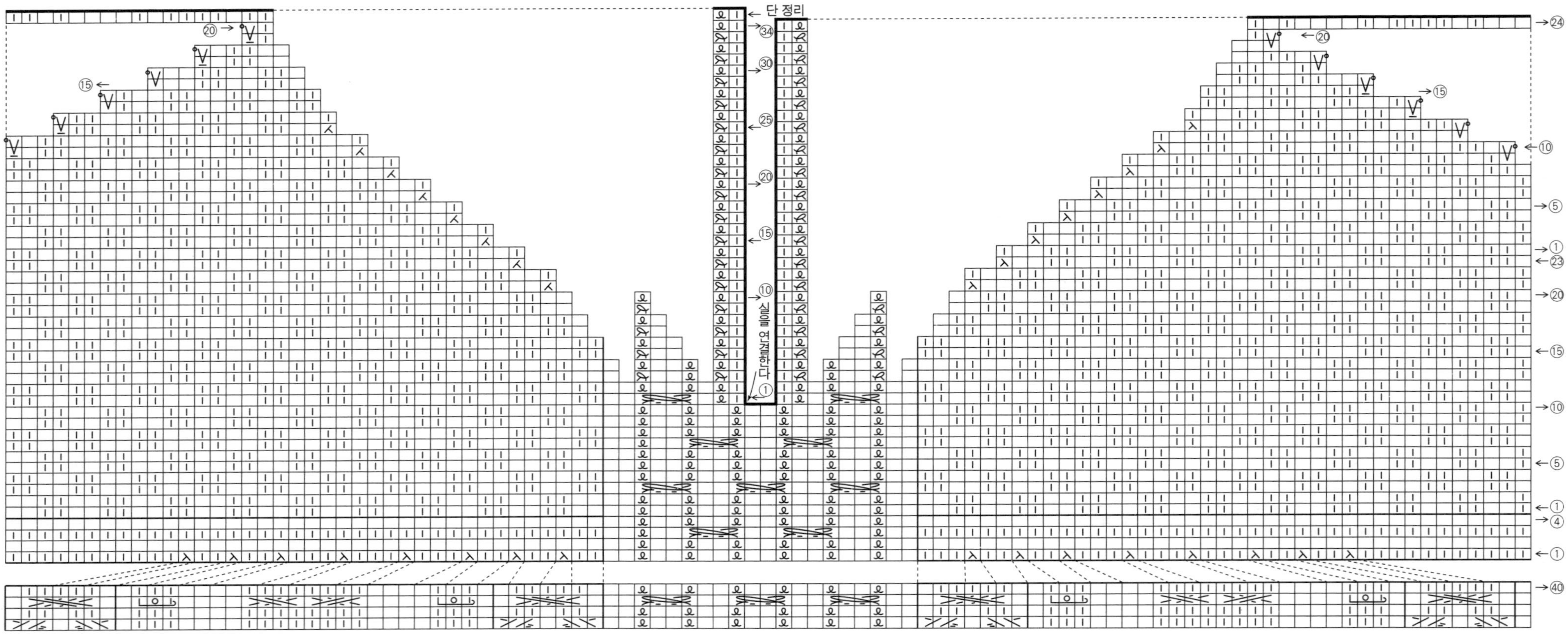

오른코 위 둘러 모아뜨기

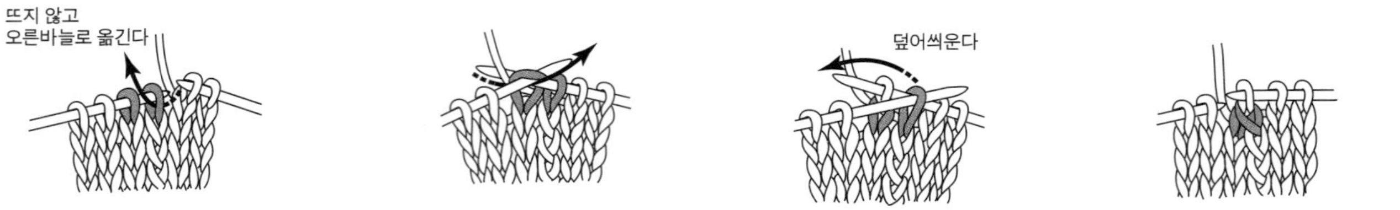

왼코 위 둘러 모아뜨기

단 정리

□ =□
☒ =왼코 위 둘러 모아뜨기
☒ =오른코 위 둘러 모아뜨기

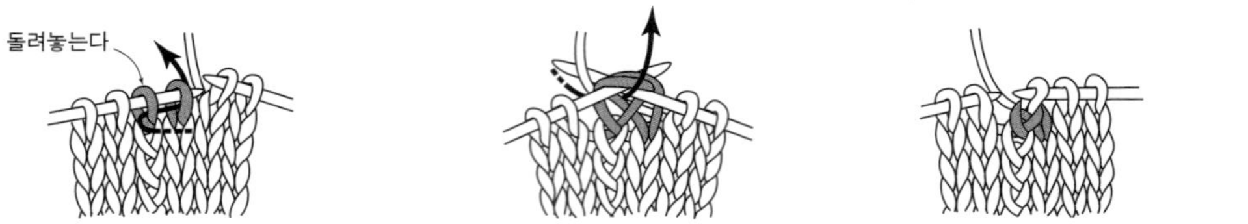

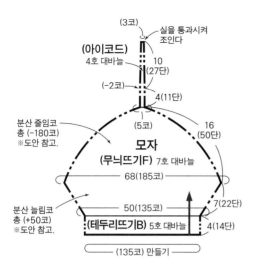

(3코)
실을 통과시켜 조인다
(아이코드)
4호 대바늘
10 (27단)
(-2코)
4(11단)
(5코)
분산 줄임코 총 (-180코) ※도안 참고.
16 (50단)
모자 (무늬뜨기F) 7호 대바늘
68(185코)
50(135코)
분산 늘림코 총 (+50코) ※도안 참고.
7(22단)
(테두리뜨기B) 5호 대바늘
4(14단)
(135코) 만들기

매듭을 짓는다

모자의 분산 증감코

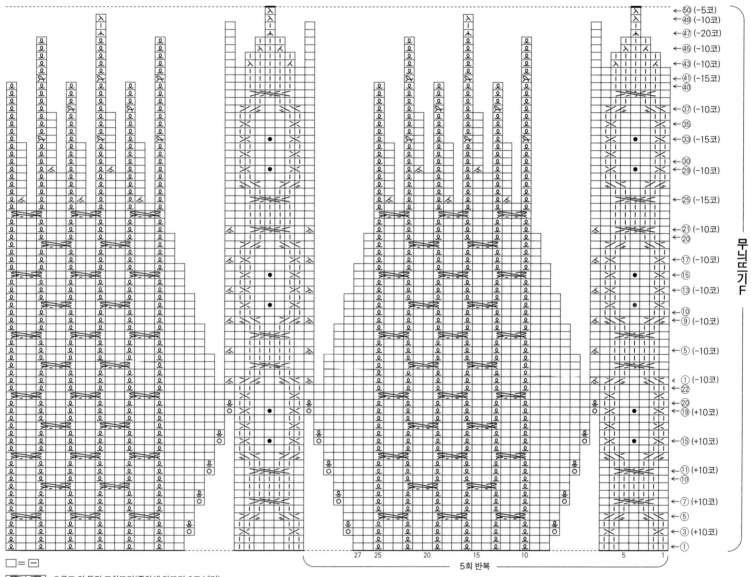

←50 (-5코)
←49 (-10코)
←47 (-20코)
←45 (-10코)
←43 (-10코)
←41 (-15코)
←40
←37 (-10코)
←35
←33 (-15코)
←30
←29 (-10코)
←25 (-15코)
←21 (-10코)
←20
←17 (-10코)
←15
←13 (-10코)
←10
←9 (-10코)
←5 (-10코)
←① (-10코)
←22
←20
←19 (+10코)
←15 (+10코)
←11 (+10코)
←10
←7 (+10코)
←5
←③ (+10코)
←①

무늬뜨기F

27　25　　20　　15　　10　　　5　　1
5회 반복

□ = −

⟩⟨⟩⟨ =오른코 위 돌려 교차뜨기(중앙에 안뜨기 2코 넣기)

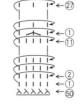

● = =3코 5단 구슬뜨기

=왼코 위 돌려 모아뜨기

=오른코 위 돌려 모아뜨기

아이코드 뜨는 법

←27
←11
←②
←①
←50

※ 끝이 막히지 않은 대바늘을 사용한다.
1. 1번째 단을 뜨고 난 실 끝을 반대쪽으로 보내어 뜨개 시작 쪽으로 되돌리고, 같은 방향에서 2번째 단을 뜬다. 이것을 열한 단 반복한다.
2. 다음 단에서 중심 3코 모아뜨기를 한다.
3. 3코로 1을 반복하고, 뜨개 끝 실을 통과시켜 조인다.

테두리뜨기B

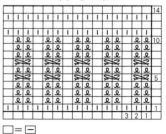

14
10
5
1
3　2　1

□ = −

=오른코 위 돌려 교차뜨기(양쪽 코)

재료
베스트…다이아몬드케이토 다이아 알파카 릴리카
연갈색(2303) 330g 11볼
암워머…다이아몬드케이토 다이아 알파카 릴리카
연갈색(2303) 70g 3볼
도구…대바늘 11호·9호
완성 크기
베스트…가슴둘레 100cm, 어깨너비 46cm, 기장 61cm
암워머…손바닥 둘레 18cm, 길이 33.5cm
게이지
10×10cm 안메리야스뜨기·메리야스뜨기 21코×27.5단, 무늬뜨기B·B′·D·D′ 28코×27.5단, C 23코×27.5단. 무늬뜨기A는 1무늬 6코가 3cm, 10cm에 27.5단
POINT
● 베스트…별도 사슬로 기초코를 만들어 뜨기 시작하고, 무늬뜨기A·B·B′·C, 안메리야스뜨기를

배치해 뜹니다. 진동둘레의 줄임코는 도안을 참고하세요. 밑단은 기초코의 사슬을 풀어 코를 줍고, 2코 고무뜨기로 뜹니다. 뜨개 끝은 겉뜨기는 겉뜨기로, 안뜨기는 안뜨기로 덮어씌워 코막음합니다. 어깨는 덮어씌워 잇기, 옆선은 돗바늘로 떠서 잇기로 연결합니다. 목둘레는 지정 콧수를 주워 2코 고무뜨기로 원형뜨기합니다. 뜨개 끝은 밑단과 같은 방법으로 합니다.
● 암워머…별도 사슬로 기초코를 만들어 뜨기 시작하고, 무늬뜨기D와 메리야스뜨기, 가터뜨기로 뜹니다. 증감코는 도안을 참고하고, 엄지 위치는 코를 쉬어둡니다. 뜨개 끝은 덮어씌워 코막음합니다. 엄지는 지정 콧수를 주워 메리야스뜨기와 가터뜨기로 원형뜨기합니다. 뜨개 끝은 본체와 같은 방법으로 합니다. 기초코의 사슬을 풀어 코를 줍고, 지정 콧수로 2코 고무뜨기를 뜹니다. 뜨개 끝은 겉뜨기는 겉뜨기로, 안뜨기는 안뜨기로 덮어씌워 코막음합니다. 옆선을 돗바늘로 떠서 잇습니다.

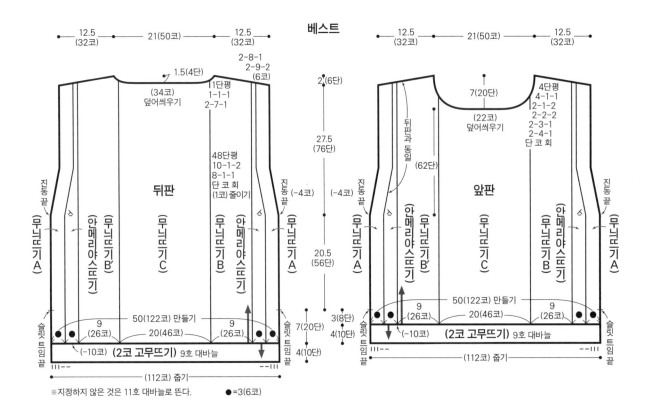

베스트

무늬뜨기B′

무늬뜨기B

□ = │─│

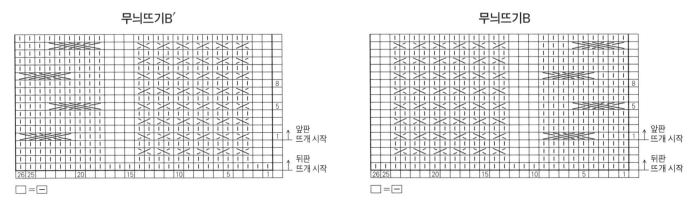

무늬뜨기C

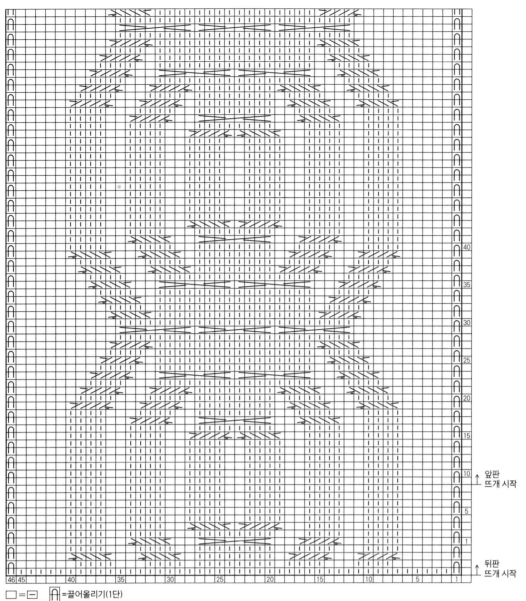

앞판
뜨개 시작

뒤판
뜨개 시작

□ =□   ⋂=끌어올리기(1단)

진동둘레의 줄임코

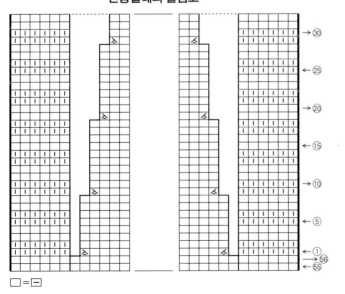

□ =□

목둘레 (2코 고무뜨기) 9호 대바늘

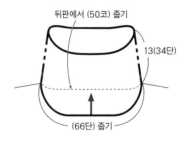

뒤판에서 (50코) 줍기

13(34단)

(66단) 줍기

무늬뜨기A

□ =□

2코 고무뜨기

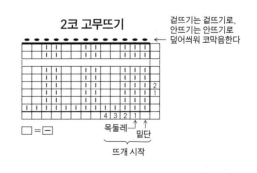

겉뜨기는 겉뜨기로,
안뜨기는 안뜨기로
덮어씌워 코막음한다

목둘레   밑단

뜨개 시작

□ =□

126페이지로 이어집니다. ▶

▶ 125페이지에서 이어집니다.

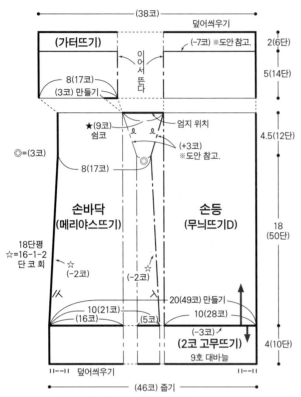

암워머 (오른손)

(38코)

덮어씌우기

(가터뜨기)

이어서 뜬다

(−7코) ※도안 참고.

8(17코)
(3코) 만들기

2(6단)

5(14단)

★(9코) 쉼코

엄지 위치

(+3코) ※도안 참고.

◎=(3코)

8(17코)

4.5(12단)

손바닥
(메리야스뜨기)

손등
(무늬뜨기D)

18
(50단)

18단평
☆=16-1-2
단 코 회

☆ (−2코)

☆ (−2코)

20(49코) 만들기

10(21코)
(16코)

(5코)

10(28코)

(−3코)

(2코 고무뜨기)
9호 대바늘

4(10단)

‖--‖ 덮어씌우기

‖--‖ 줄기

(46코) 줄기

※지정하지 않은 것은 11호 대바늘로 뜬다.
※왼손은 대칭으로 배치하고, 무늬뜨기D는 무늬뜨기D′로 뜬다.

무늬뜨기D

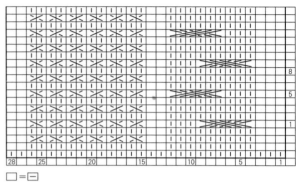

□ = ─

무늬뜨기D′

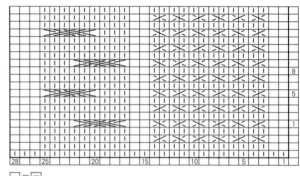

□ = ─

엄지
(가터뜨기)

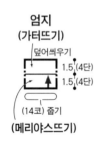

덮어씌우기

1.5(4단)

1.5(4단)

(14코) 줄기

(메리야스뜨기)

엄지의 코 줍는 법

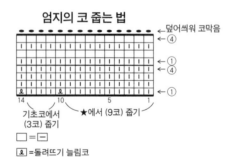

덮어씌워 코막음

←④

←①

←④

←①

기초코에서
(3코) 줍기

★에서 (9코) 줍기

□ = ─

♀ =돌려뜨기 늘림코

2코 고무뜨기

겉뜨기는 겉뜨기로,
안뜨기는 안뜨기로
덮어씌워 코막음한다

□ = ─

좌우의 돌려뜨기 늘림코

▲ △

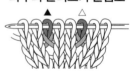

▲왼쪽 돌려뜨기 늘림코
(왼쪽 돌려뜨기 감아코)

△오른쪽 돌려뜨기 늘림코
(오른쪽 돌려뜨기 감아코)

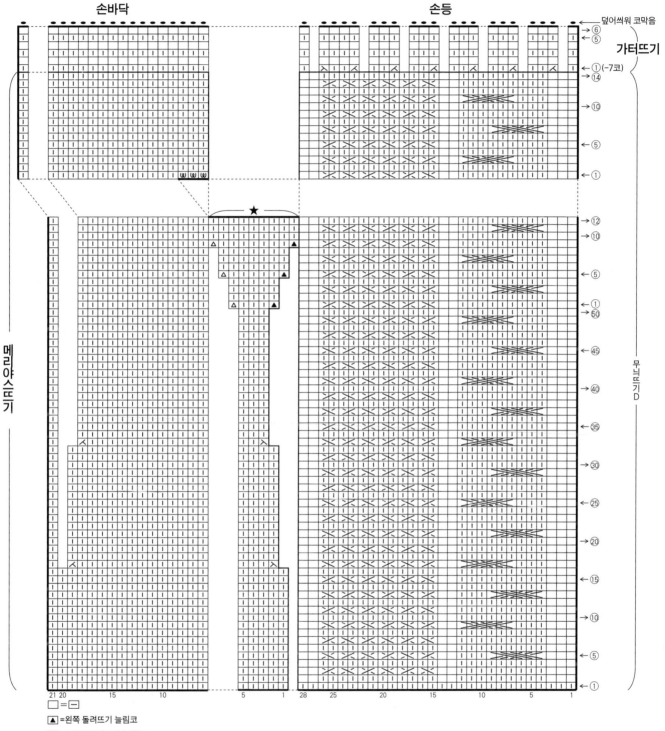

손바닥

손등

덮어씌워 코막음

가터뜨기

①(-7코)

메리야스뜨기

무늬뜨기 D

□ =□

▲ =왼쪽 돌려뜨기 늘림코

△ =오른쪽 돌려뜨기 늘림코

ⓦ =감아코

※뜨는 법→P.129

재료
다이아몬드케이토 다이아니콜 다크 그레이(7612)
645g 17볼

도구
대바늘 9호·7호

완성 크기
가슴둘레 110cm, 기장 54.5cm, 화장 69.5cm

게이지
10×10cm에 안메리야스뜨기 17코×26단, 무늬
뜨기A는 1무늬 12코가 4cm, B는 1무늬 20코가
7cm, C는 1무늬 15코가 5cm, D는 1무늬 8코가
3cm, A·B·C·D 10cm에 26단

POINT
● 몸판·소매…몸판은 손가락으로 거는 기초코를
만들어 뜨기 시작하고, 안메리야스뜨기, 무늬뜨기

A·B로 뜹니다. 12단을 떴으면, 미리 떠두었던 별
도 사슬에서 코를 줍고, 이어서 안메리야스뜨기,
무늬뜨기C·D를 배치해 뜹니다. 어깨, 앞목둘레의
증감코는 도안을 참고하세요. 진동둘레의 뜨개 끝
은 코를 쉬어두고, 옆선은 덮어씌워 코막음합니다.
어깨는 돗바늘로 떠서 잇기로 연결합니다. 소매는
겨드랑이 부분과 쉼코와 별도 사슬을 풀어 코를
주워 안메리야스뜨기, 무늬뜨기C·D, 1코 고무뜨
기로 뜹니다. 소매 밑선의 줄임코는 끝에서 3번째
코와 4번째 코를 모아뜨기합니다. 뜨개 끝은 1코
고무뜨기 코막음을 합니다.
● 마무리…옆선은 빼뜨기로 잇기, 소매 밑선은 돗
바늘로 떠서 잇기로 연결합니다. 밑단·목둘레는
지정 콧수를 주워 1코 고무뜨기로 원형뜨기합니
다. 뜨개 끝은 소맷부리와 같은 방법으로 합니다.

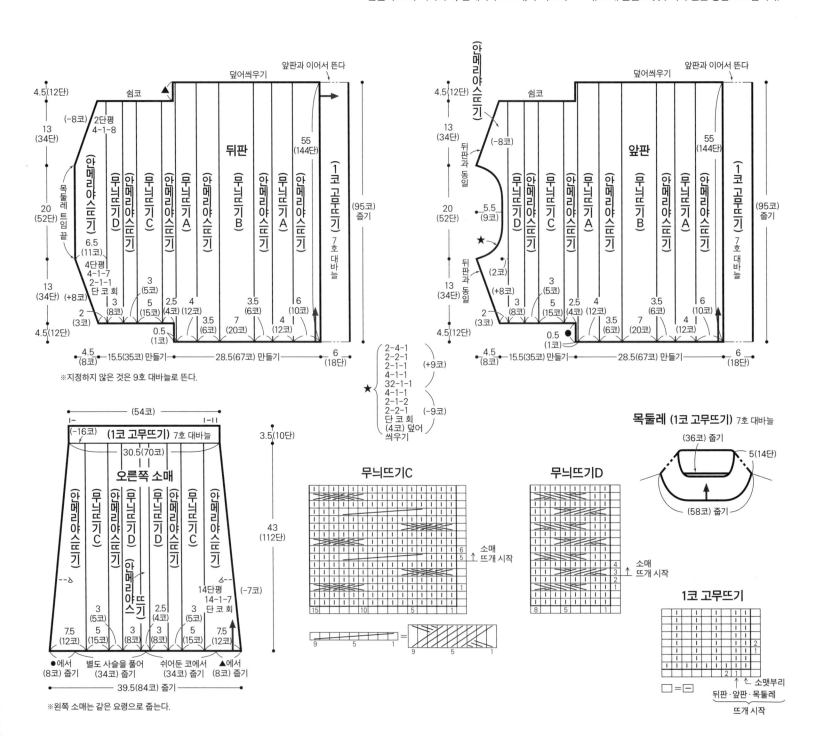

어깨 경사와 앞목둘레 뜨는 법

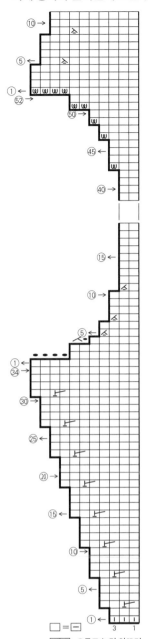

□ = □
▷️ = 오른코 늘려 안뜨기
※뜨는 법→P.171

무늬뜨기B

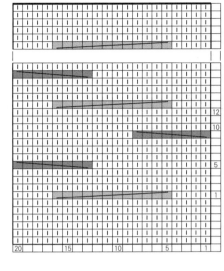

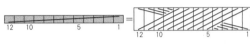

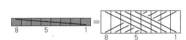

무늬뜨기A

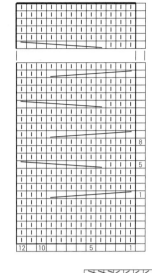

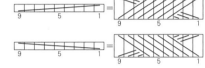

겨드랑이 부분과 진동둘레 뜨는 법

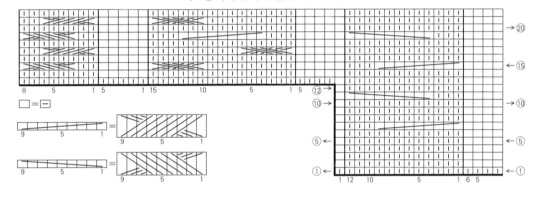

□ = □

뜨개 시작 쪽의 감아코 만드는 법 (1코)

1 왼손 집게손가락에 실을 걸고, 실의 뒤쪽에서 오른바늘을 넣어 1코를 만든다.

감아코로 코 늘리기 (2코 이상)

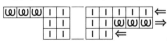

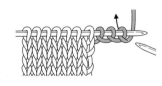

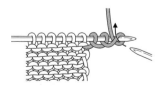

1 '집게손가락에 걸려 있는 실에 바늘을 넣은 다음 손가락 빼기'를 늘림코 콧수만큼 반복한다.

2 겉면으로 돌리고, 화살표와 같이 바늘을 넣어 겉뜨기를 뜬다. 남은 2코도 똑같이 뜨고, 끝까지 뜬다.

3 1과 마찬가지로 집게손가락에 걸려 있는 실에 바늘을 넣어 코를 만든다.

4 안면으로 돌리고, 화살표와 같이 바늘을 넣어 안뜨기를 뜬다. 남은 2코도 똑같이 뜬다.

재료
데오리야 모크 울 B 에크뤼(32) 555g
도구…대바늘 9호·7호·6호
완성 크기
가슴둘레 102cm, 기장 55.5cm, 화장 70.5cm
게이지(10×10cm)
무늬뜨기A·A´ 20코×24단, 무늬뜨기B 22.5코×24단, 무늬뜨기C 25.5코×24단
POINT
● 몸판·소매…손가락으로 거는 기초코를 만들어 뜨기 시작하고, 2코 고무뜨기, 무늬뜨기A·B·

C·A´ 안메리야스뜨기를 배치해 뜹니다. 줄임코는 2코 이상은 덮어씌우기, 1코는 끝의 1코를 세우는 줄임코를 합니다. 소매 밑선의 늘림코는 1코 안쪽에서 돌려뜨기 늘림코를 합니다.
● 마무리…어깨는 덮어씌워 잇기로 연결합니다. 목둘레는 지정 콧수를 주워 게이지 조정을 하며 2코 고무뜨기로 원형뜨기합니다. 뜨개 끝의 겉뜨기는 겉뜨기로, 안뜨기는 안뜨기로 덮어씌워 코막음합니다. 소매는 코와 단 잇기로 몸판과 합칩니다. 옆선, 소매 밑선은 돗바늘로 떠서 잇기로 연결합니다.

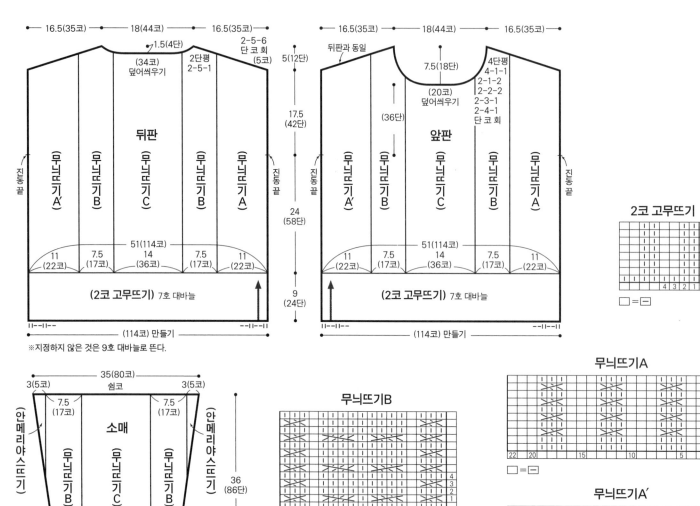

2코 고무뜨기

□ = ─

무늬뜨기B

□ = ─

소매(★)　　뒤판·앞판·소매(☆)

뜨개 시작

무늬뜨기A

□ = ─

무늬뜨기A´

□ = ─

무늬뜨기C

□ = ─　　✕✕ = 왼코 교차뜨기(중앙에 안뜨기 2코 넣기)

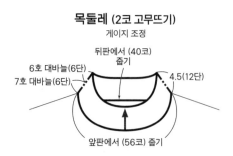

목둘레 (2코 고무뜨기)

게이지 조정

6호 대바늘(6단)
7호 대바늘(6단)
뒤판에서 (40코) 줍기
앞판에서 (56코) 줍기
4.5(12단)

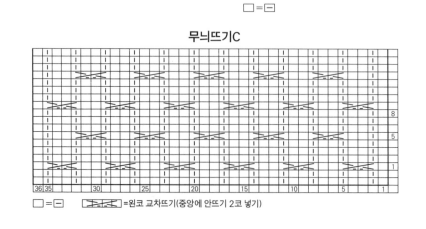

※지정하지 않은 것은 9호 대바늘로 뜬다.

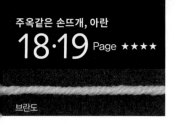

재료
나이토상사 브란도 와인색(111) 705g 18볼

도구…대바늘 7호·5호

완성 크기
가슴둘레 106cm, 기장 66.5cm, 화장 81cm

게이지
10×10cm에 멍석뜨기 21.5코×28단, 무늬뜨기D 29코×28단, 무늬뜨기A는 1무늬 20코가 8cm, B 는 1무늬 22코가 8cm, C는 1무늬 5코가 2cm, E 는 1무늬 24코가 8cm, A·B·C·E 10cm에 28단

POINT
● 몸판·소매…별도 사슬로 기초코를 만들어 뜨기 시작하고, 몸판은 멍석뜨기, 무늬뜨기A~D, 소매는 멍석뜨기, 무늬뜨기A·E를 배치해 뜹니다. 안면에서 뜨는 교차무늬는 교차 방향에 주의해 뜹니다. 줄임코는 2코 이상은 덮어씌우기, 1코는 끝의 1코를 세우는 줄임코를 합니다. 소매 밑선의 늘림코는 1코 안쪽에서 돌려뜨기 늘림코를 합니다.

● 마무리…옆선·소매 밑선은 돗바늘로 떠서 잇기로 연결합니다. 밑단·소맷부리는 기초코의 사슬을 풀어 코를 줍고, 1코 고무뜨기로 원형뜨기합니다. 뜨개 끝은 1코 고무뜨기 코막음을 합니다.

● 와 ◎는 같은 모양끼리 코와 단 잇기, 소매는 반박음질로 몸판과 합칩니다. 목둘레는 지정 콧수를 주워 1코 고무뜨기로 원형뜨기합니다. 뜨개 끝은 밑단과 같은 방법으로 합니다.

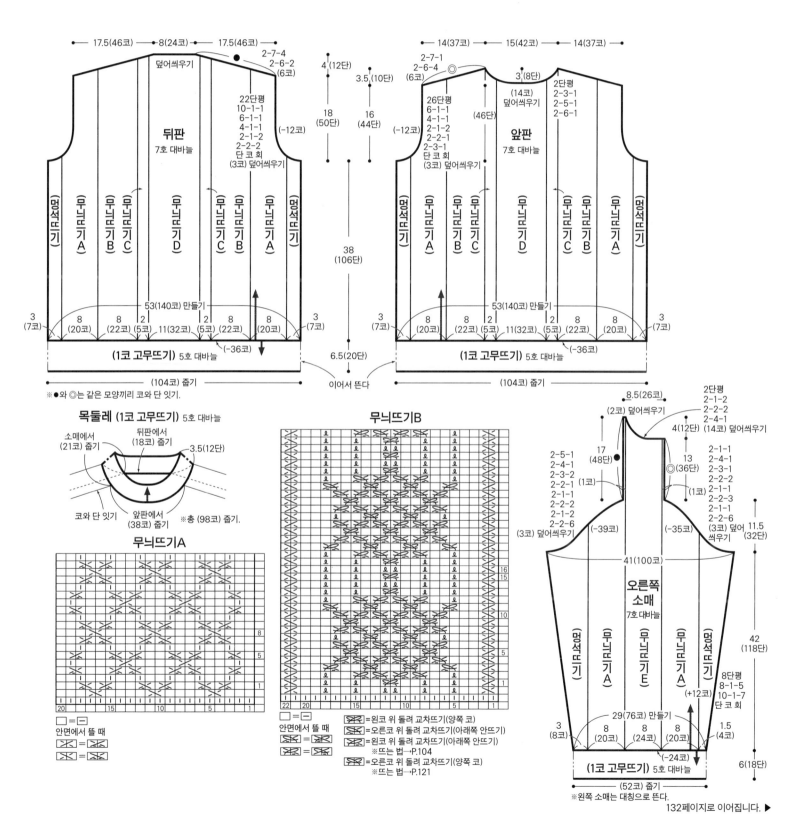

132페이지로 이어집니다. ▶

▶ 131페이지에서 이어집니다.

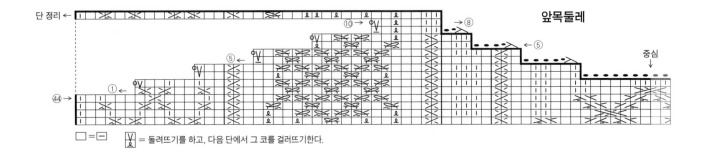

앞목둘레

□ = ⊡   V̲/Ω = 돌려뜨기를 하고, 다음 단에서 그 코를 걸러뜨기한다.

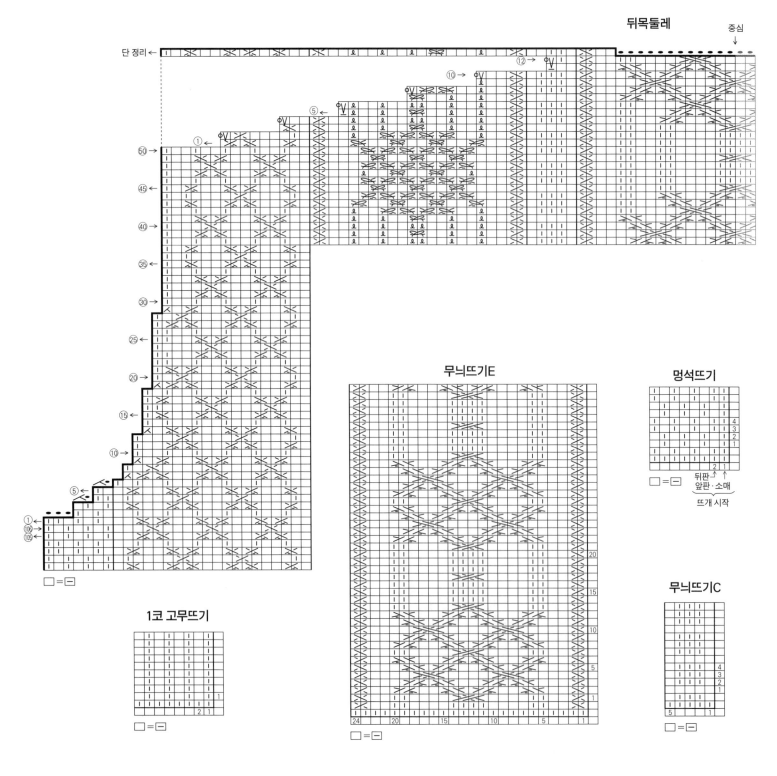

뒤목둘레

무늬뜨기E

멍석뜨기

□ = ⊡   뒤판↑
앞판·소매
뜨개 시작

1코 고무뜨기

□ = ⊡

무늬뜨기C

□ = ⊡

□ = ⊡

앞목둘레

중심

실을 연결한다

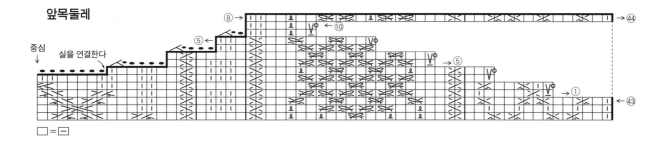

$\square = \boxminus$

뒤목둘레

중심

실을 연결한다
← 무늬가 이어지도록 뜨면서 덮어씌워 코막음

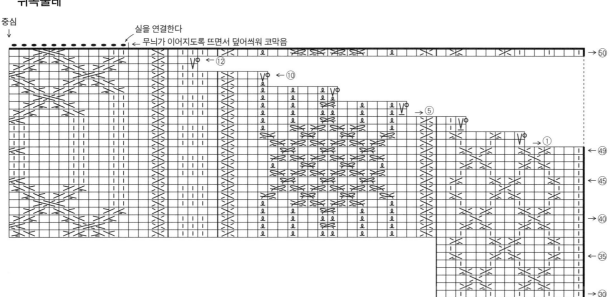

무늬뜨기D

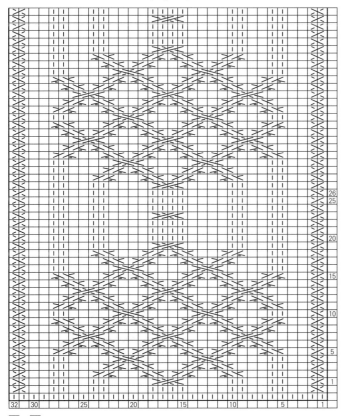

$\square = \boxminus$

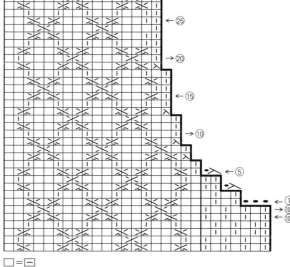

$\square = \boxminus$

안면에서 뜰 때

134페이지로 이어집니다. ▶

133

▶ 133페이지에서 이어집니다.

오른쪽 소매

안면에서 뜰 때

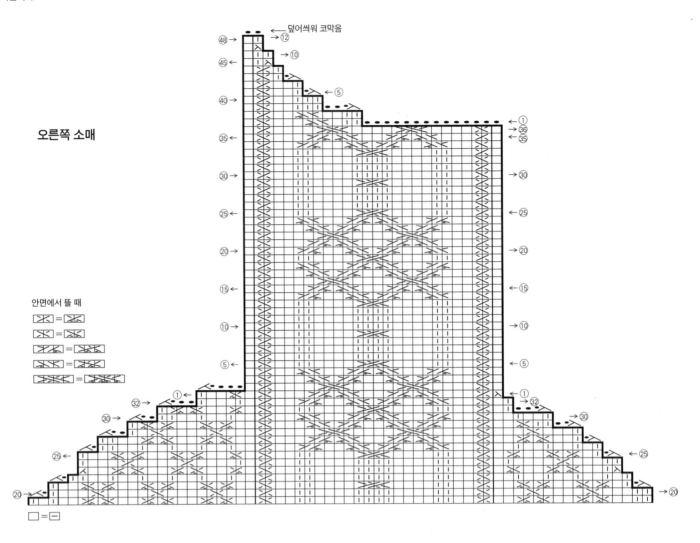

□ = □

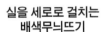

**실을 세로로 걸치는
배색무늬뜨기**

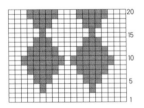

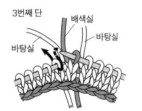

3번째 단

1 다이아몬드무늬의 뾰족한 끝부
   분에 실을 각각 연결해 뜨개를
   시작한다.

4번째 단

2 배색실로 바꿀 때는 바탕실 밑을
   지나게 해서 교차시킨다.

3 바탕실로 바꿀 때도 밑에서 끌어
   올려 교차시킨다.

5번째 단

4 겉면을 보고 뜨는 단도 뜨는 실
   을 밑에서 끌어올려 교차시킨다.

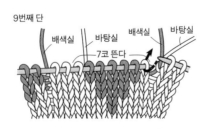

9번째 단

5 이 무늬는 2단 반복의 다이아몬
   드무늬이므로 겉뜨기 쪽에서 무
   늬가 바뀐다.

10번째 단

6 안뜨기 쪽도 앞단과 같은 색으로
   뜬다. 색을 바꿀 때는 2색을 교
   차시킨다.

14번째 단

7 14번째 단을 뜨고 있는 모습. 안
   면은 이런 상태가 된다.

메릴린

재료

실…이사거 메릴린 ※실의 색이름·색번호·사용량은 표를 참고하세요.

단추…지름 18mm×2개

도구…대바늘 8호·7호·5호·3호

완성 크기

S…가슴둘레 100cm, 기장 52.5cm, 화장 70cm

M…가슴둘레 106cm, 기장 54cm, 화장 72cm

L…가슴둘레 112cm, 기장 55.5cm, 화장 74cm

XL…가슴둘레 118cm, 기장 57cm, 화장 76cm

게이지(10×10cm)

메리야스뜨기 19코×26단(8호 대바늘)·25코×34단(5호 대바늘), 배색무늬뜨기 25코×33단

POINT

● 몸판·소매…몸판은 손가락에 실을 걸어서 기초코를 만들어 뜨기 시작해 2코 고무뜨기, 메리야스뜨기로 뜹니다. 래글런선과 앞목둘레의 줄임코는 도안을 참고하세요. 뜨개 끝은 덮어씌워 코막음합니다. 소매 '위'는 몸판과 같은 방법으로 뜨기 시작해 메리야스뜨기로 뜹니다. 늘림코는 1코 안쪽에서 늘립니다. 줄임코는 몸판과 같은 방법으로 합니다. 소매 '아래'는 지정 콧수를 주워 메리야스뜨기, 배색무늬뜨기, 1코 고무뜨기로 뜹니다. 배색무늬뜨기는 실을 세로로 걸치는 방법으로 뜹니다. 분산 줄임코는 도안을 참고하세요. 뜨개 끝은 1코 고무뜨기 코막음을 합니다.

● 마무리…래글런선·옆선·소매 밑선은 떠서 꿰매기를 합니다. 앞단·목둘레는 지정 콧수를 주워 2코 고무뜨기로 뜹니다. 뜨개 끝의 겉뜨기는 겉뜨기로, 안뜨기는 안뜨기로 덮어씌워 코막음합니다. 단추 벨트는 몸판과 같은 방법으로 뜨기 시작해 1코 고무뜨기로 뜨고 지정 위치에 단춧구멍을 냅니다. 뜨개 끝은 소매 '아래'와 같은 방법으로 진행합니다. 단추를 달아 마무리합니다.

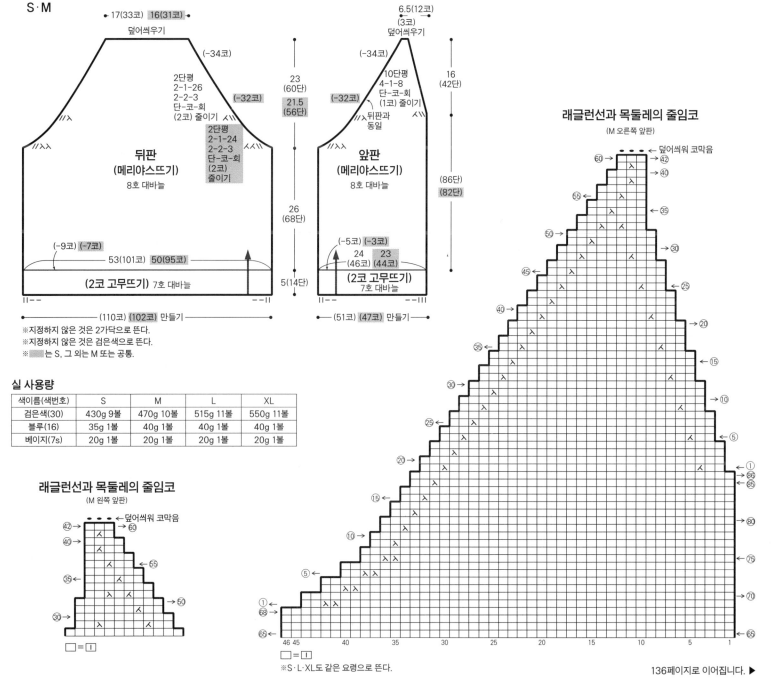

실 사용량

색이름(색번호)	S	M	L	XL
검은색(30)	430g 9볼	470g 10볼	515g 11볼	550g 11볼
블루(16)	35g 1볼	40g 1볼	40g 1볼	40g 1볼
베이지(7s)	20g 1볼	20g 1볼	20g 1볼	20g 1볼

136페이지로 이어집니다. ▶

135

▶ 135페이지에서 이어집니다.

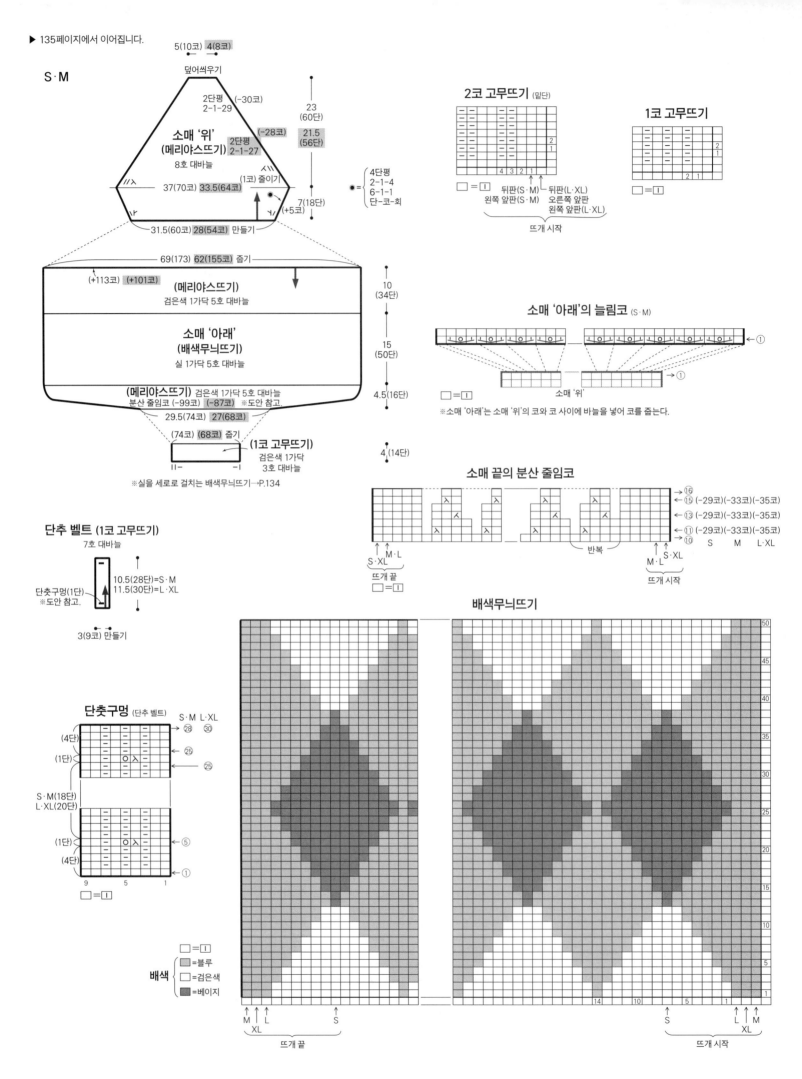

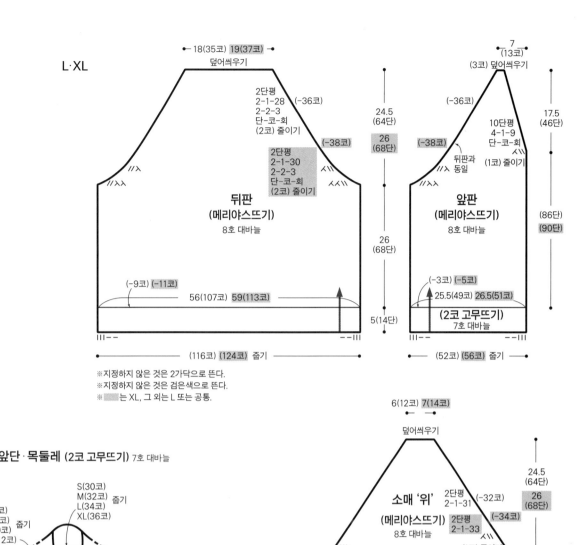

L·XL

← 18(35코) 19(37코) →
덮어씌우기

2단평
2-1-28
2-2-3
단-코-회
(2코) 줄이기

(-36코)

(-38코)

2단평
2-1-30
2-2-3
단-코-회
(2코) 줄이기

뒤판
(메리야스뜨기)
8호 대바늘

(-9코) (-11코)

56(107코) 59(113코)

24.5
(64단)

26
(68단)

26
(68단)

5(14단)

(116코) (124코) 줄기

7
(13코)
(3코) 덮어씌우기

(-36코)

10단평
4-1-9
단-코-회
(1코) 줄이기

(-38코)

뒤판과
동일

앞판
(메리야스뜨기)
8호 대바늘

(-3코) (-5코)

25.5(49코) 26.5(51코)

(2코 고무뜨기)
7호 대바늘

17.5
(46단)

(86단)
(90단)

(52코) (56코) 줄기

※지정하지 않은 것은 2가닥으로 뜬다.
※지정하지 않은 것은 검은색으로 뜬다.
※▨는 XL, 그 외는 L 또는 공통.

앞단·목둘레 (2코 고무뜨기) 7호 대바늘

S(30코)
M(32코)
L(34코) 줄기
XL(36코)

S(6코)
M(8코)
L(10코) 줄기
XL(12코)

단추 다는 위치
왼쪽 몸판은 대칭 위치에 달기

S(96코)
M(99코)
L(102코)
XL(105코)
줄기

(11코) 줄기

S·M 6.5(18단)
L·XL 7(20단)

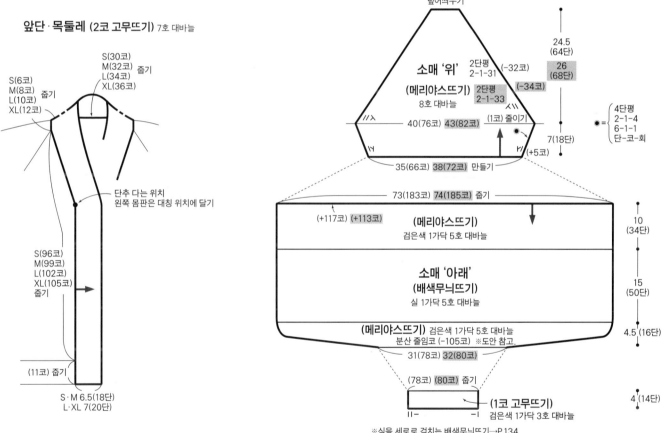

6(12코) 7(14코)
덮어씌우기

소매 '위'
(메리야스뜨기)
8호 대바늘

2단평
2-1-31

2단평
2-1-33

(-32코)

(-34코)

(1코) 줄이기

40(76코) 43(82코)

35(66코) 38(72코) 만들기

(+5코)

24.5
(64단)

26
(68단)

7(18단)

4단평
2-1-4
6-1-1
단-코-회

73(183코) 74(185코) 줄기

(+117코) (+113코)

(메리야스뜨기)
검은색 1가닥 5호 대바늘

소매 '아래'
(배색무늬뜨기)
실 1가닥 5호 대바늘

(메리야스뜨기) 검은색 1가닥 5호 대바늘
분산 줄임코 (-105코) ※도안 참고.

31(78코) 32(80코)

(78코) (80코) 줄기

(1코 고무뜨기)
검은색 1가닥 3호 대바늘

10
(34단)

15
(50단)

4.5
(16단)

4(14단)

※실을 세로로 걸치는 배색무늬뜨기→P.134

2코 고무뜨기 (앞단·목둘레)

겉뜨기는 겉뜨기로,
안뜨기는 안뜨기로
덮어씌워 코막음한다

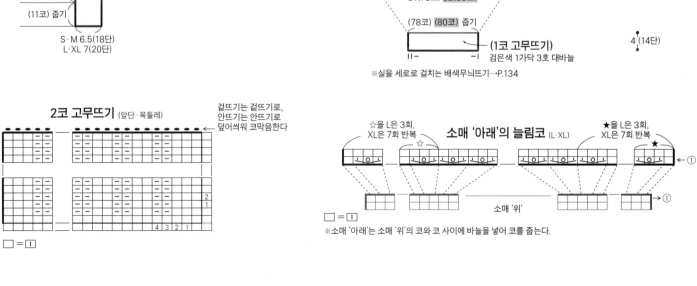

□=Ⅰ

소매 '아래'의 늘림코 (L·XL)

☆을 L은 3회,
XL은 7회 반복

★을 L은 3회,
XL은 7회 반복

소매 '위'

□=Ⅰ

※소매 '아래'는 소매 '위'의 코와 코 사이에 바늘을 넣어 코를 줍는다.

137

재료

실…올림포스 플로레스 갈색(3) 255g 7볼
실…올림포스 플로레스 베이지(2) 115g 3볼
실…올림포스 플로레스 에크뤼(1) 85g 3볼
단추…지름 18mm×2개

도구

코바늘 4/0호

완성 크기

가슴둘레 112cm, 기장 52cm, 화장 56cm

게이지

모티프 1변 8cm

POINT

● 몸판·소매…모두 모티프 잇기로 뜹니다. 2번째 장부터는 마지막 단에서 옆 모티프와 연결합니다.
● 마무리…단추를 달아 마무리합니다.

56(7장)

4	5	6	7	8	9	10	11
18	19	20	21	22	23	24	25
32	33	34	35	36	37	38	39
46	47	48	49	50	51	52	53

뒤판

32(4장)

(모티프 잇기)

☆ ★

124	123	122	121	120	119	118	117	116	115	114	113	112	111
110	109	108	107	106	105	104	103	102	101	100	99	98	97

오른쪽 소매   왼쪽 소매

16(2장)
도안 2 8(1장)

90	89	88	87	86	85			96	95	94	93	92	91
77	76	75	74	73	72	71	84	83	82	81	80	79	78
63	62	61	60	59	58	57	70	69	68	67	66	65	64

40(5장)

☆ 도안 1   ★

오른쪽 앞판   왼쪽 앞판

46	45	44	43	56	55	54	53
32	31	30	29	42	41	40	39
18	17	16	15	28	27	26	25
4	3	2	1 8	14	13	12	11

8

32(4장)

28(3.5장)   28(3.5장)   28(3.5장)   28(3.5장)

※모두 4/0호 코바늘로 뜬다.
※모티프 안의 숫자는 연결하는 순서다.
※맞춤 표시끼리는 연결한다.

모티프 124장

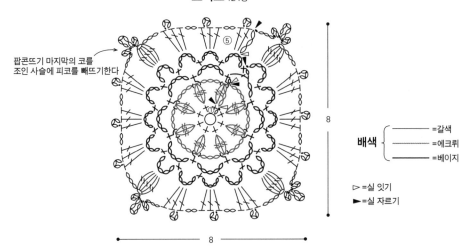

팝콘뜨기 마지막의 코를
조인 사슬에 피코를 빼뜨기한다

배색 {
=갈색
=에크뤼
=베이지
}

▷ =실 잇기
► =실 자르기

⚲ =짧은 앞걸어뜨기
※뜨는 법→P.189

⫴ =한길 긴 5코 팝콘뜨기(다발에 뜨기)
※뜨는 법→P.117

모티프 잇는 법

모티프의 모서리 잇는 법

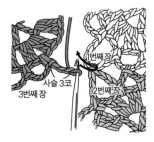

1 3번째 모티프를 잇는 위치의 앞쪽 사슬 3코를 뜬 뒤, 2번째 장의 빼뜨기 다리의 실 2가닥에 위에서 코바늘을 넣고

2 실을 걸어 빼낸다. 4번째 장도 같은 곳에서 실을 걸어 빼낸다.

140페이지로 이어집니다. ▶

▶ 139페이지에서 이어집니다.

도안 1
옆선

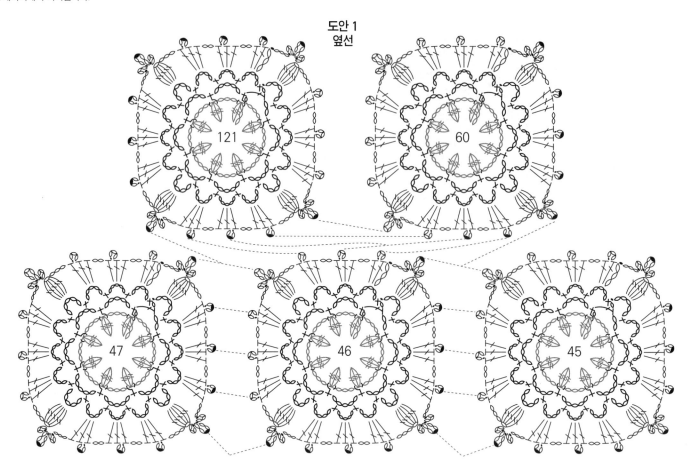

도안 2
목둘레

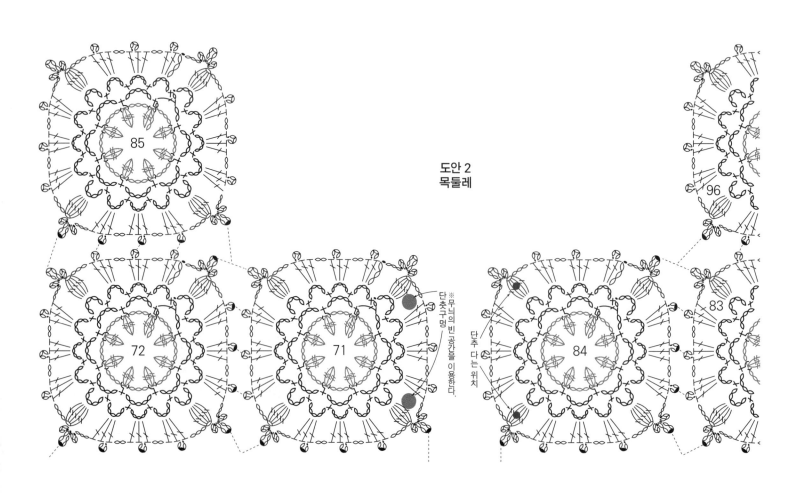

재료
실…올림포스 플로레스 그레이(7) 195g 5볼
실…올림포스 플로레스 파랑(8) 135g 4볼
실…올림포스 플로레스 흰색(1) 20g 1볼

도구
코바늘 5/0호·4/0호

완성 크기
가슴둘레 104cm, 기장 52cm, 화장 26cm

게이지
10×10cm 무늬뜨기·줄무늬 무늬뜨기 27코×
12단, 모티프 1변 9cm

POINT
● 몸판…모티프를 지정 장수만큼 뜨고 5장씩 반
코 휘감아 잇기로 연결합니다. 몸판의 중앙 부분
은 사슬뜨기로 기초코를 만들어 뜨기 시작해 무늬
뜨기로 뜹니다. 목둘레의 줄임코는 도안을 참고하
세요. 중앙 부분과 모티프를 사슬뜨기와 빼뜨기로
잇기를 합니다. 옆선은 모티프에서 지정 콧수를 주
워 줄무늬 무늬뜨기로 뜹니다. 진동둘레의 줄임코
는 도안을 참고하세요.
● 마무리…어깨는 사슬뜨기와 빼뜨기로 잇기·사
슬뜨기와 빼뜨기로 꿰매기, 옆선은 사슬뜨기와 빼
뜨기로 잇기를 합니다. 밑단은 테두리뜨기A, 목둘
레·소맷부리는 테두리뜨기B로 원형으로 뜹니다.

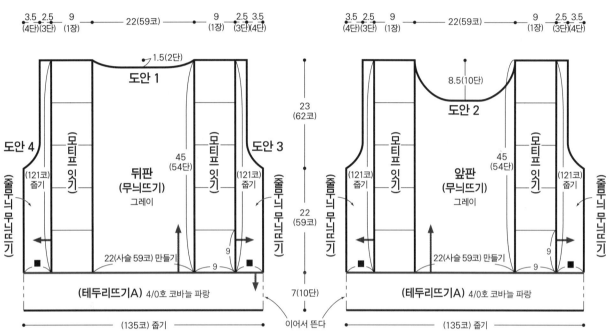

※지정하지 않은 것은 5/0호 코바늘로 뜬다.
※■=6(7단)

목둘레, 소맷부리 (테두리뜨기B)
4/0호 코바늘 파랑

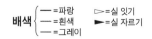

모티프 20장

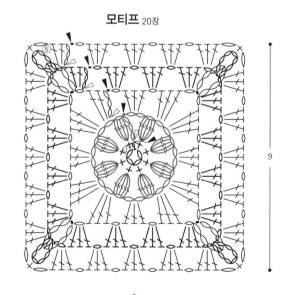

배색 { — =파랑 ▷=실 잇기
— =흰색 ▶=실 자르기
— =그레이 }

=한길 긴 5코 팝콘뜨기(1코에 뜨기)
※뜨는 법→P.117

※4단까지 뜬 뒤, 3단 모서리의 고리 안에 4단 모서리의 고리를 통과시킨다.

142페이지로 이어집니다. ▶

▶ 141페이지에서 이어집니다.

무늬뜨기

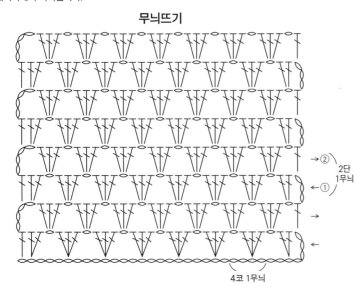

→②
2단
1무늬
←①

→

←

4코 1무늬

줄무늬 무늬뜨기

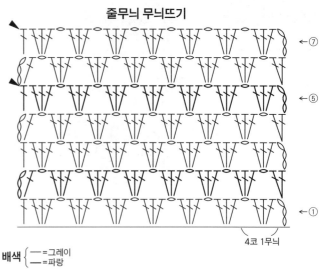

←⑦

←⑤

←①

4코 1무늬

배색 { ──=그레이
       ──=파랑 }

►=실 자르기

테두리뜨기B

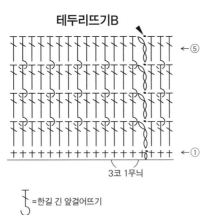

←⑤

←①

3코 1무늬

┇=한길 긴 앞걸어뜨기

테두리뜨기A

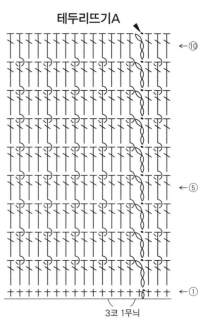

←⑩

←⑤

←①

3코 1무늬

한길 긴 앞걸어뜨기

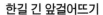

1 코바늘에 실을 걸어 앞단의 한 길 긴뜨기 다리에 화살표와 같이 앞에서 코바늘을 넣고 실을 빼낸 다.

2 코바늘에 실을 걸고, 코바늘에 걸린 2개의 고리 안으로 실을 빼 낸다.

3 다시 실을 걸고, 코바늘에 걸린 2개의 고리 안으로 빼낸다.

4 한길 긴 앞걸어뜨기를 1코 뜬 모 습.

휘감아 잇기
(모티브를 맞대어 반 코 휘감기)

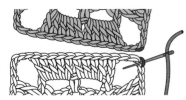   

1 모티브의 겉면이 보이게 맞대고 앞쪽 모티프는 모서리 쪽 사슬뜨기의 바깥 쪽 반 코에 아래에서 바늘을 넣어 실을 빼낸다.

2 뒤쪽과 앞쪽 모티프 모두 모서리 쪽 사슬코의 바깥쪽 실 1가닥에 각각 바늘 을 넣는다. 첫 코에는 바늘을 2회 넣는 다.

3 다음부터는 화살표와 같이 바깥쪽 실 1가닥에 각각 바늘을 넣어

4 1코씩 똑같이 휘감는다.

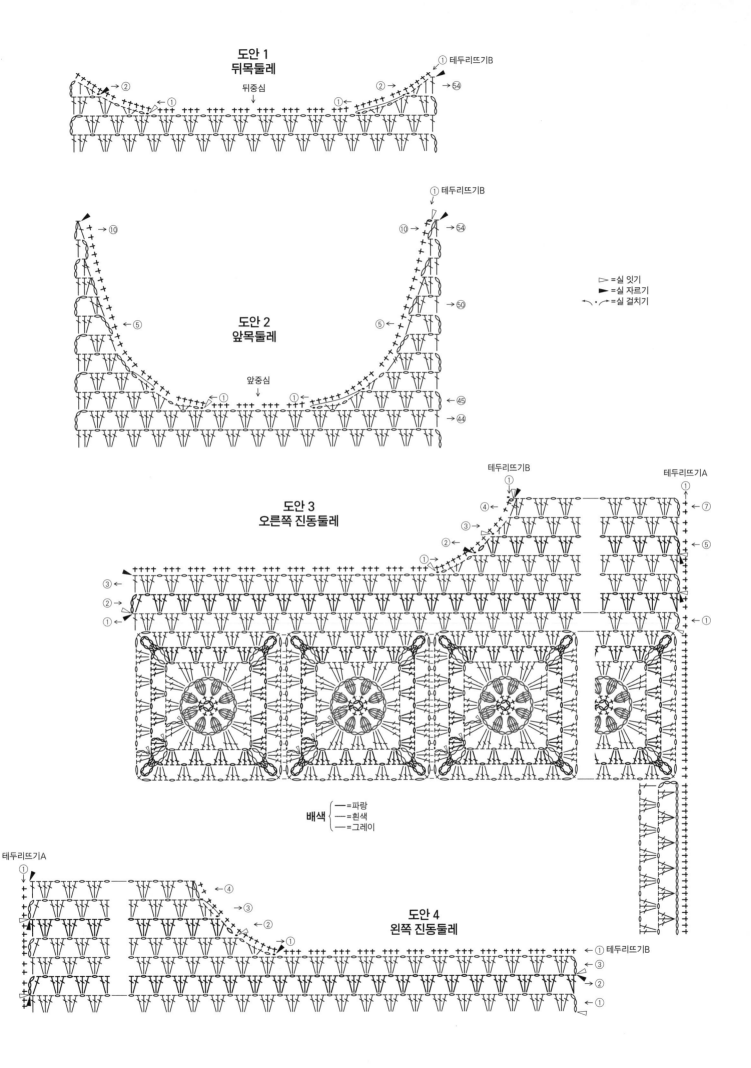

도안 1
뒤목둘레

① 테두리뜨기B
②
뒤중심
①

도안 2
앞목둘레

① 테두리뜨기B
⑩ → ㉤
⑩
㉤
⑤
앞중심
①
⑤
㊺
㊹

►=실 잇기
►=실 자르기
ᔛ=실 걸치기

도안 3
오른쪽 진동둘레

테두리뜨기B
①
④
③
②
①
테두리뜨기A
①
⑦
⑤
①
③
②
①

배색 {
─=파랑
─=흰색
─=그레이
}

테두리뜨기A
①
④
③
②
①

도안 4
왼쪽 진동둘레

뒤중심
① 테두리뜨기B
③
②
①

재료

실…게이토피에로 뉘아주(Nuage) 그레이시민트
(16) 240g 6볼

실…게이토피에로 뉘아주(Nuage) 스모키핑크(02)
105g 3볼

실…게이토피에로 뉘아주(Nuage) 아이보리화이
트(01) 35g 1볼

실…게이토피에로 뉘아주(Nuage) 샌드베이지(09)
30g 1볼

도구

코바늘 8/0호, 대바늘 8호

완성 크기

가슴둘레 125cm, 기장 42cm, 화장 35cm

게이지

모티프 크기는 도안 참고

POINT

● 몸판…모티프 잇기로 뜹니다. 2번째 장부터는
마지막 단에서 옆 모티프와 연결합니다.

● 마무리…밑단·목둘레·소맷부리는 지정 콧수
를 주워 2코 고무뜨기로 원형으로 뜹니다. 뜨개 끝
은 2코 고무뜨기 코막음을 합니다.

모티프 배색과 장수

	1·2·3·4단	5단	6단	A의 장수	B의 장수
a	그레이시민트	아이보리화이트	그레이시민트	11장	2장
b	그레이시민트	샌드베이지	그레이시민트	10장	
c	그레이시민트	스모키핑크	그레이시민트	11장	2장

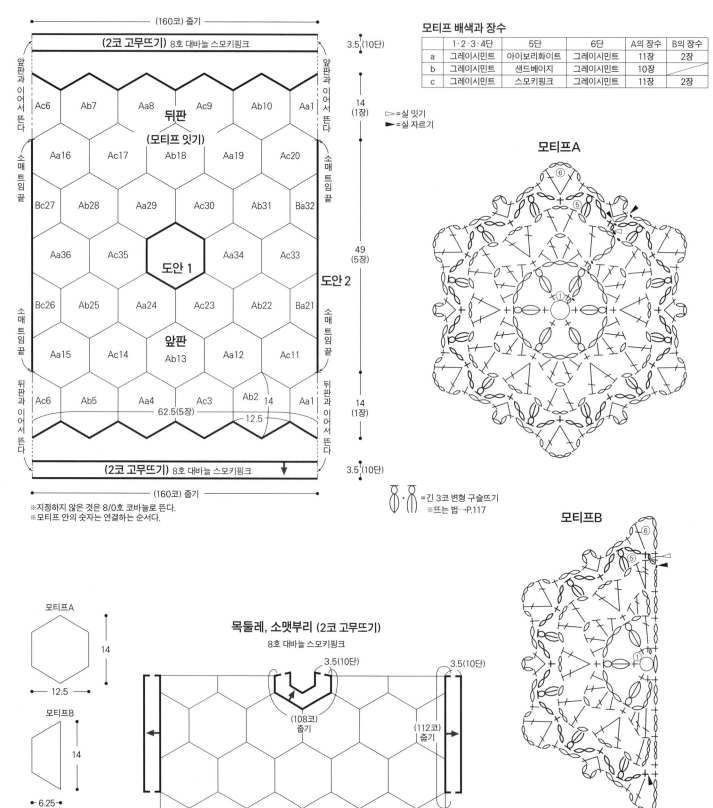

※지정하지 않은 것은 8/0호 코바늘로 뜬다.
※모티프 안의 숫자는 연결하는 순서다.

▷=실 잇기
▶=실 자르기

=긴 3코 변형 구슬뜨기
※뜨는 법→P.117

모티프A

모티프B

목둘레, 소맷부리 (2코 고무뜨기)
8호 대바늘 스모키핑크

●=2코 고무뜨기 코 줍는 위치
※사슬의 오른쪽 반 코, 한길 긴뜨기·짧은뜨기 머리의 오른쪽 반 코를 줍는다.

2코 고무뜨기
뜨개 시작

도안 1
목둘레

도안 2
소맷부리

2코 고무뜨기
뜨개 시작

2코 고무뜨기

□ = □

재료
실…호비라 호비레 울 큐트 암갈색(15) 250g 10볼
실…호비라 호비레 울 큐트 핑크(01)·짙은 핑크
(02)·물색(06)·파랑(07)·보라색(09)·오렌지(12)·
짙은 오렌지(13)·녹색(18)·베이지(22)·그레이(23)
각 25g 1볼

도구
코바늘 5/0호

완성 크기
가로세로 90cm×91cm

게이지
모티프 크기는 도안 참고

POINT
● 모두 각 색의 실 2가닥을 이용해 모티프 잇기로 뜹니다. 2번째 장부터는 마지막 단에서 옆 모티프와 연결합니다. 둘레에 테두리뜨기를 뜹니다.

블랭킷

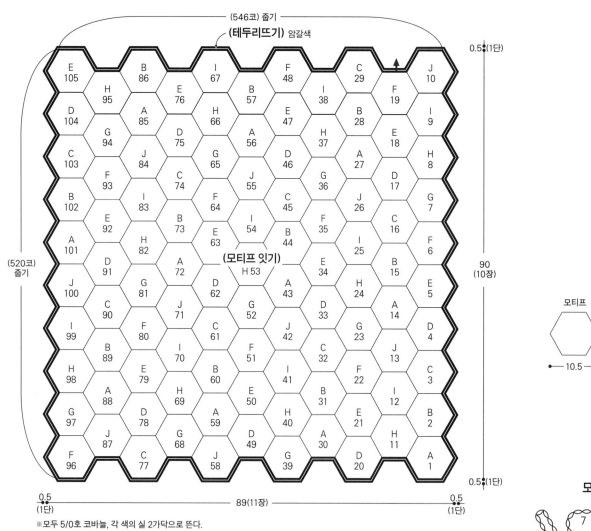

(546코) 줄기
(테두리뜨기) 암갈색
0.5●(1단)

E 105	B 86	I 67	F 48	C 29	J 10	
H 95	E 76	B 57	I 38	F 19		

(520코) 줄기

(모티프 잇기) H 53

90 (10장)

0.5●(1단)

0.5 (1단)　　89(11장)　　0.5 (1단)

※모두 5/0호 코바늘, 각 색의 실 2가닥으로 뜬다.
※모티프 안의 숫자는 연결하는 순서다.
※모티프의 모서리 잇는 법→P.139

모티프

10.5 — 9

모티프 배색과 장수

	1단	2단	3·4단	장수
A	짙은 핑크	짙은 오렌지		11장
B	녹색	보라색		11장
C	베이지	그레이		10장
D	하늘색	오렌지		11장
E	파랑	녹색	암갈색	11장
F	그레이	짙은 핑크		10장
G	보라색	하늘색		10장
H	오렌지	베이지		11장
I	짙은 오렌지	핑크		10장
J	핑크	파랑		10장

▷=실 잇기

▶=실 자르기

모티프 105장

모티프 잇는 법

▷ =실 잇기
► =실 자르기

13

22

3

12

2

21

11

1

20

①→
테두리뜨기

+⌒+ = +++++++

26코 1무늬

재료
호비라 호비레 울 큐트 파랑(07)·보라색(09)·연갈색(14)·녹색(18)·베이지(22)·그레이(23) 각 25g 1볼

도구
코바늘 4/0호

완성 크기
폭 22cm, 길이 154cm

게이지
모티프 크기는 도안 참고

POINT
● 모두 모티프 잇기로 뜹니다. 2번째 장부터는 마지막 단에서 옆 모티프와 연결합니다.

머플러
(모티프 잇기)

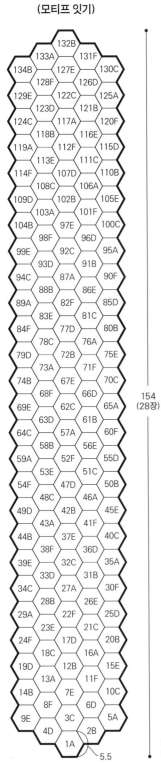

154
(28장)

22(5장)

※모두 4/0호 코바늘로 뜬다.
※모티프 안의 숫자는 연결하는 순서다.

모티프 134장

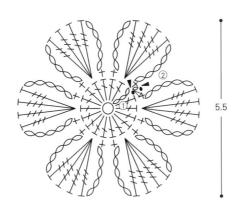

5.5

▷ =실 잇기
► =실 자르기

모티프 배색과 장수

	1단	2단	장수
A	연갈색	보라색	23장
B	베이지	그레이	23장
C	파랑	녹색	22장
D	보라색	연갈색	22장
E	그레이	베이지	22장
F	녹색	파랑	22장

모티프를 한길 긴뜨기로 잇는 법

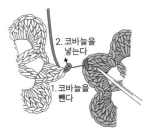

2. 코바늘을 넣는다
1. 코바늘을 뺀다

1 2번째 모티프의 코에서 코바늘을 뺀 뒤 1번째 모티프의 한길 긴뜨기 머리의 실 2가닥에 코바늘을 넣는다.

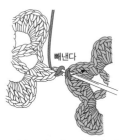

빼낸다

2 2번째 모티프의 코에 코바늘을 다시 넣고 1번째 모티프의 코 안으로 빼낸다.

한길 긴뜨기

3 코바늘에 실을 걸고 2번째 모티프의 코 아래쪽에 코바늘을 넣어 한길 긴뜨기를 뜬다.

4 한길 긴뜨기를 뜬 모습. 모티프끼리 한길 긴뜨기 머리로 연결되어 있다.

모티프 잇는 법

재료
실…호비라 호비레 울 큐트 베이지(22) 75g 3볼
실…호비라 호비레 울 큐트 핑크(01)·짙은 핑크
(02)·빨강(05)·물색(06)·파랑(07)·보라색(09)·
연노랑(11)·오렌지(12)·황록색(16)·녹색(18)·흰색
(21)·그레이(23) 각 50g 2볼
실…호비라 호비레 울 큐트 남색(8)·짙은 오렌지
(13)·연갈색(14)·청록색(17) 각 25g 1볼
도구
코바늘 5/0호

완성 크기
가로세로 100cm×75cm
게이지
모티프 크기는 도안 참고
POINT
● 모두 지정 실 2가닥으로 뜹니다. 모티프를 지정
장수만큼 뜬 뒤 베이지색 실로 반 코 휘감아 잇기
를 합니다.

블랭킷

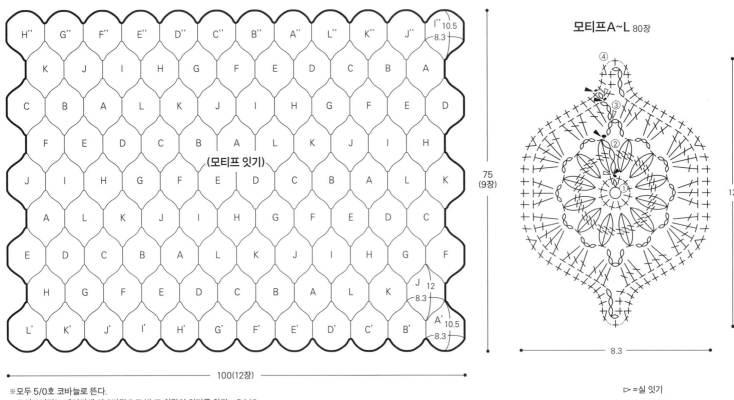

(모티프 잇기)

※모두 5/0호 코바늘로 뜬다.
※모티브끼리는 베이지색 실 2가닥으로 반 코 휘감아 잇기를 한다→P.142

모티프A~L 80장

▷ =실 잇기
► =실 자르기

모티프 배색과 장수 ※1색은 2가닥, 2색은 1가닥씩 합친다.

	1단	2단	3단	4단	장수
A	남색	파랑	흰색×그레이	남색	9장
B	베이지	녹색	연갈색	베이지	8장
C	보라색	빨강	연갈색×베이지	보라색	9장
D	황록색	핑크	연노랑×흰색	황록색	9장
E	연노랑	하늘색	흰색×그레이	연노랑	9장
F	오렌지	핑크×흰색	짙은 오렌지	오렌지	9장
G	녹색	보라색	베이지	녹색	8장
H	짙은 핑크	오렌지	핑크×흰색	짙은 핑크	9장
I	하늘색	황록색	파랑	하늘색	8장
J	빨강	베이지	그레이	빨강	9장
K	핑크	짙은 핑크	하늘색×흰색	핑크	9장
L	파랑	연노랑	청록색	파랑	8장

※A'~L', A"~L"은 A~L과 같은 배색으로 1장씩 뜬다(장수에 포함된다).

모티프A'~L' 12장   **모티프A"~L"** 12장

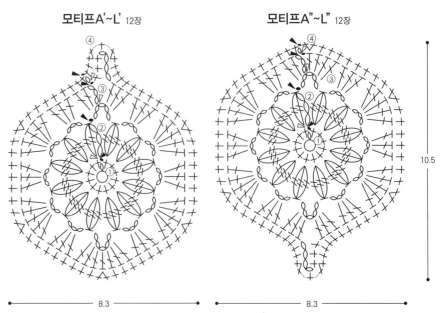

151

모티프 꽃
30 Page ★★★

유야케(yu-yake)

파인 메리노

재료
실…게이토피에로 유야케(yu-yake) 아사보라케
(04) 235g 3볼
실…게이토피에로 파인 메리노 코코아브라운(15)
115g 4볼
도구
코바늘 5/0호
완성 크기
가슴둘레 116cm, 기장 46.5cm, 화장 59cm

게이지
모티프 크기는 도안 참고
POINT
● 몸판·소매…모티프 A를 모티프 잇기로 뜹니다.
2번째 장부터는 마지막 단에서 옆 모티프와 연결
합니다.
● 마무리…도안을 참고해 밑단·소맷부리는 테두
리뜨기A, 목둘레는 테두리뜨기B로 뜹니다. 모티
프A 사이에 모티프B와 B'를 뜹니다.

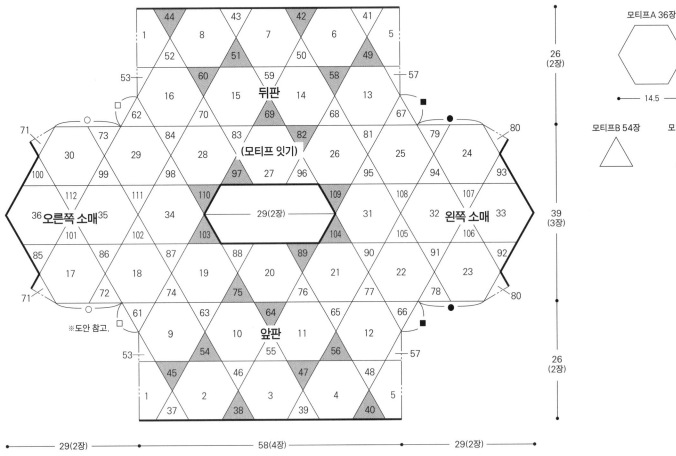

모티프A 36장

13

14.5

모티프B 54장

모티프B' 22장

※모두 5/0호 코바늘로 뜬다.
※모티프 안의 숫자는 연결하는 순서다. 모티프B·B'는 목둘레·소맷부리·밑단을 뜬 다음에 뜬다.
※맞춤 표시끼리는 연결한다.

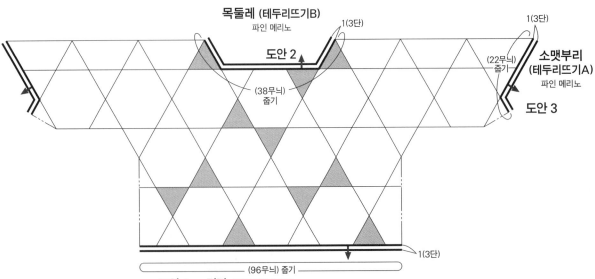

목둘레 (테두리뜨기B)
파인 메리노

도안 2

1(3단)

1(3단)

소맷부리
(테두리뜨기A)
파인 메리노

도안 3

(22무늬) 줄기

(38무늬) 줄기

(96무늬) 줄기

1(3단)

도안 1　밑단 (테두리뜨기A) 파인 메리노

모티프A

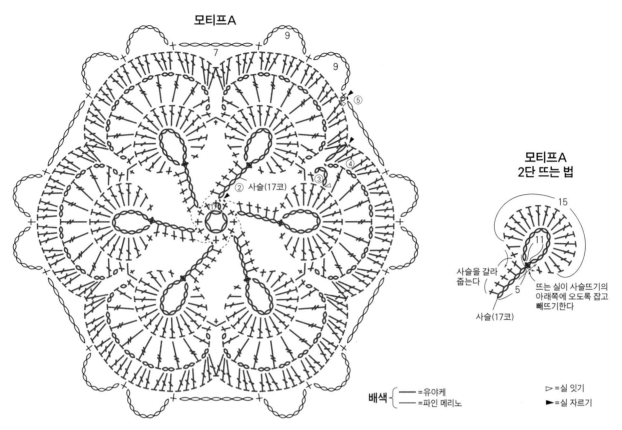

② 사슬(17코)

※5단의 짧은뜨기는 앞단의 한길 긴뜨기 사이를 주워 뜬다.

모티프A
2단 뜨는 법

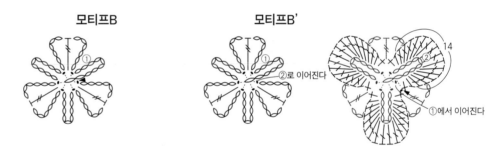

15

11

사슬을 갈라
줍는다

5

뜨는 실이 사슬뜨기의
아래쪽에 오도록 잡고
빼뜨기한다

사슬(17코)

배색 {
　 ── =유야케
　 ── =파인 메리노

▷ =실 잇기
► =실 자르기

모티프B

모티프B'

①

①

②로 이어진다

14

②

①에서 이어진다

테두리뜨기A

1무늬

←③
←②
←①

(11코)

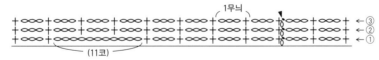

※1단을 줍는 법은 불규칙하다. 밑단은 도안 1, 소맷부리는 도안 3을 참고한다.

테두리뜨기B

1무늬

←③
←②
←①

(11코)　　　(11코)

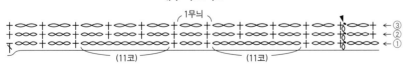

※1단을 줍는 법은 불규칙하다. 도안 2를 참고한다.

154페이지로 이어집니다. ▶

▶ 153페이지에서 이어집니다.

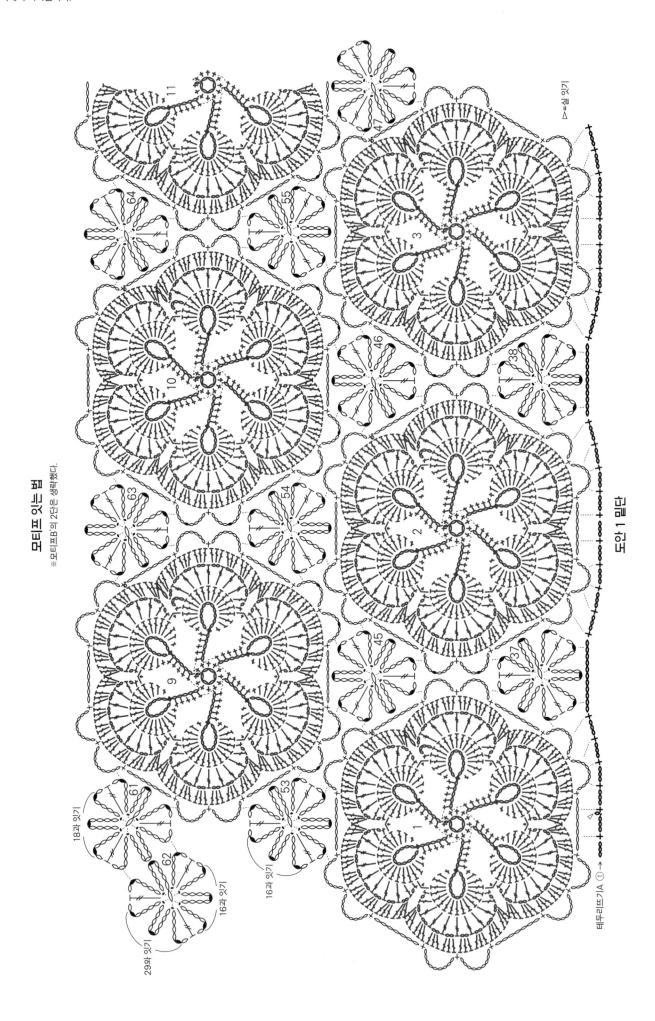

모티프로 잇는 팔
※모티프B'의 2단은 생략했다.

도안 1 단위

△=실 잇기

18과 잇기
16과 잇기
29과 잇기
16과 잇기

테두리뜨기A ① →

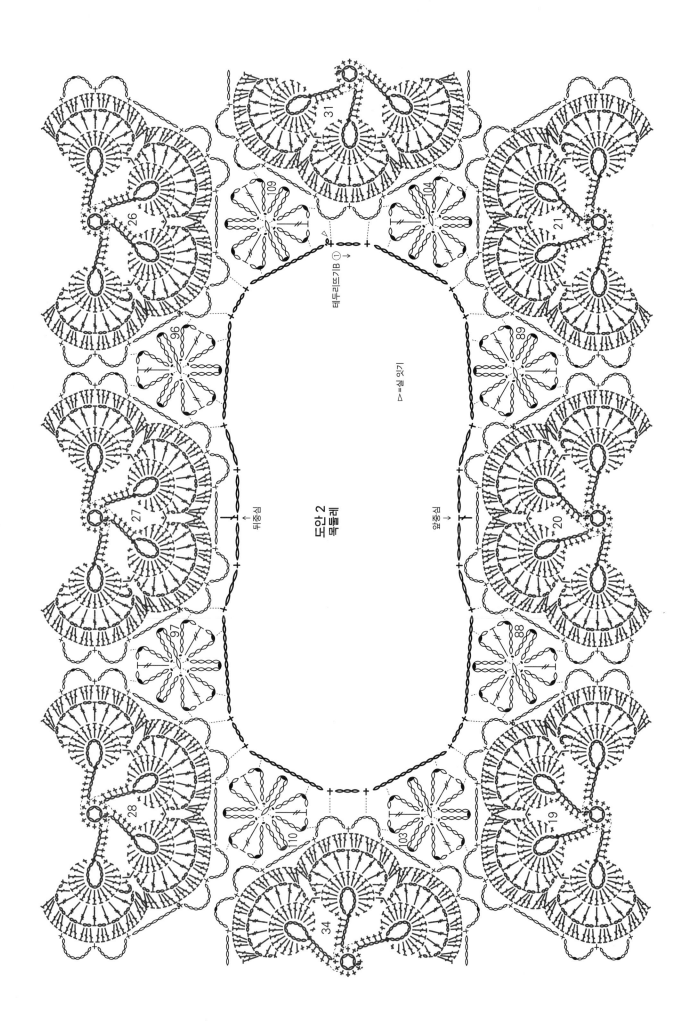

도안 2
목둘레

테두리뜨기B ①→

△=실 잇기

156페이지로 이어집니다. ▶

▶ 155페이지에서 이어집니다.

도안 3 소맷부리

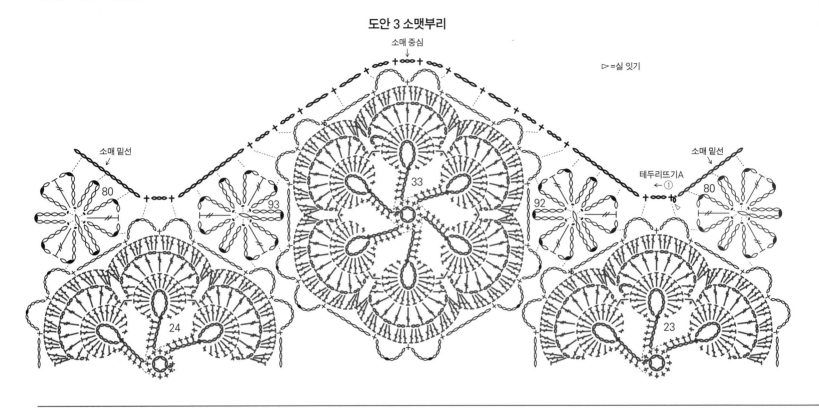

소매 중심

소매 밑선

소매 밑선

테두리뜨기A
← ①

▷=실 잇기

80　93　33　92　23　24　80

3코 3단 구슬뜨기

겉뜨기　걸기코　걸뜨기

1 1코에서 걸뜨기 1코, 걸기코, 겉뜨기 1코를 떠낸다.

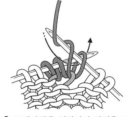

2 뜨개바탕을 뒤집어서 안면을 보고 안뜨기 3코를 뜬다.

2코를 오른쪽 대바늘에 옮긴다

3 뜨개바탕을 뒤집고 오른쪽 2코에 화살표와 같이 오른바늘을 넣어 코를 옮긴다.

4 3번째 코를 겉뜨기한다.

2코를 덮어씌운다

5 옮긴 2코에 왼바늘을 넣고 3번째 코에 덮어씌운다.

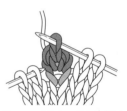

6 3코 3단 구슬뜨기를 완성했다.

5코 5단 구슬뜨기
(중심 5코 모아뜨기)

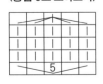

1 1코에서 5코를 떠내고 3단을 뜬다. 오른쪽 3코에 화살표와 같이 오른바늘을 넣어 코를 옮긴다.

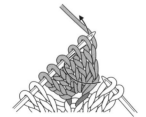

2 5번째 코와 4번째 코에 오른바늘을 한꺼번에 넣고 겉뜨기한다.

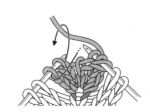

3
2
1

3 왼바늘로 오른바늘의 3코를 2에서 뜬 코에 덮어씌운다.

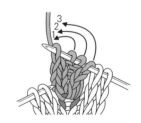

4 5코 5단 구슬뜨기(중심 5코 모아뜨기)를 완성했다.

다이아 보르도

다이아 도미나

다이아 미사

재료

실…다이아몬드케이토 다이아 보르도 연회색계열 그러데이션(2401) 240g 8볼, 진회색계열 그러데이션(2408) 140g 5볼

실…다이아몬드케이토 다이아 도미나 노랑계열 그러데이션(393) 95g 3볼, 파랑계열 그러데이션(406) 95g 3볼, 빨강계열 그러데이션(396) 45g 2볼

실…다이아몬드케이토 다이아 미사 검정(1308) 85g 3볼

도구…코바늘 6/0호·5/0호

완성 크기

가슴둘레 96cm, 어깨너비 35cm, 기장 103cm, 소매 길이 52cm

게이지

10×10cm 한길 긴뜨기, 한길 긴뜨기 줄무늬 20코 ×10단, 줄무늬 무늬뜨기A 20코×16단, 줄무늬 무늬뜨기B·B' 20코×19.5단

POINT

● 몸판·소매…뒤판과 앞판의 '중앙'은 모티브 잇기로 뜹니다. 사슬뜨기 기초코로 뜨개를 시작하고 첫 단은 반 코와 코산 2가닥을 줍습니다. 단에서 주운 부분은 가장자리 코를 갈라서 줍습니다. 모티브끼리는 떠서 잇기를 합니다. '왼쪽'과 '오른쪽'은 사슬뜨기 기초코를 해서 도안 배치대로 뜹니다. 겨드랑이, 진동둘레, 목둘레의 줄임코는 도안을 참고하세요. '왼쪽', '오른쪽', '중앙'을 떠서 잇기와 떠서 꿰매기로 연결합니다. 소매는 '중앙'을 모티브 잇기로 뜨고, '왼쪽'과 '오른쪽'은 각각 코를 주워서 줄무늬 무늬뜨기A를 합니다.

● 마무리…어깨는 빼뜨기로 잇기, 겨드랑이는 떠서 꿰매기, 소매 밑선은 떠서 잇기로 연결합니다. 목둘레, 소맷부리는 배색무늬뜨기A로 밑단은 배색무늬뜨기B로 각각 원형으로 뜹니다. 밑단은 안쪽으로 접어서 첫 단에 공그르기를 합니다. 소매는 빼뜨기 꿰매기로 몸판에 연결합니다.

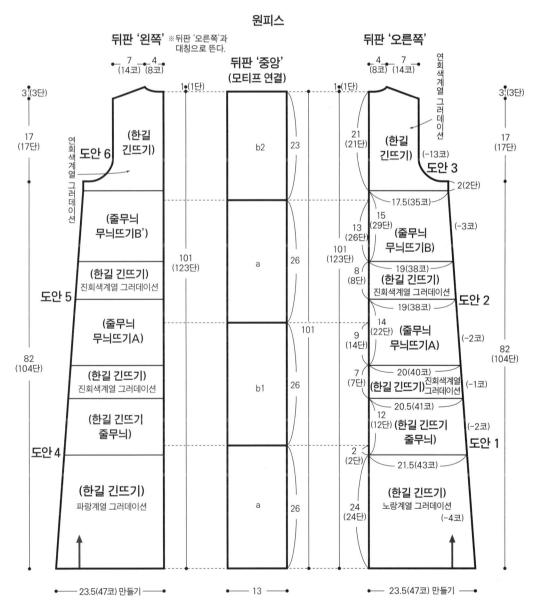

원피스

※지정하지 않은 곳은 6/0호 코바늘로 뜬다.
※모티브끼리는 떠서 잇기로 연결한다.
※뒤판 '오른쪽', 뒤판 '중앙', 뒤판 '왼쪽'은 떠서 꿰매기와 떠서 잇기로 연결한다.

158페이지로 이어집니다. ▶

▶ 157페이지에서 이어집니다.

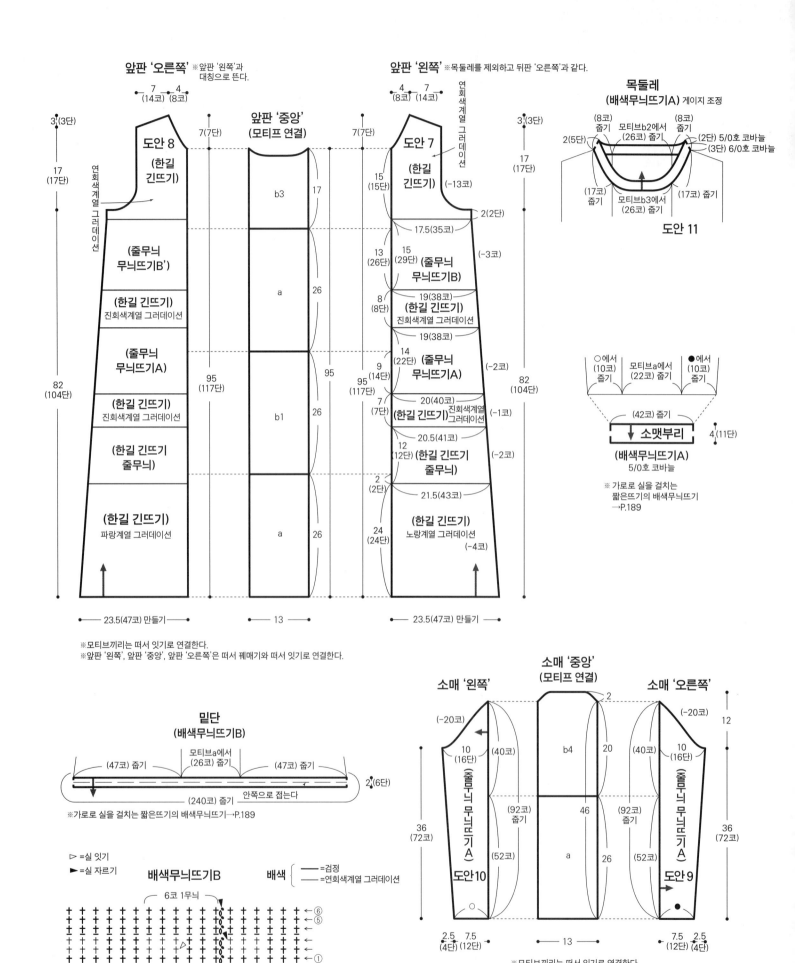

앞판 '오른쪽' ※앞판 '왼쪽'과 대칭으로 뜬다.

7 (14코) 4 (8코)

3 (3단)

17 (17단)

82 (104단)

도안 8 (한길 긴뜨기)

연회색계열 그러데이션

7(7단)

(줄무늬 무늬뜨기B')

(한길 긴뜨기) 진회색계열 그러데이션

(줄무늬 무늬뜨기A)

(한길 긴뜨기) 진회색계열 그러데이션

(한길 긴뜨기 줄무늬)

(한길 긴뜨기) 파랑계열 그러데이션

23.5(47코) 만들기

앞판 '중앙' (모티프 연결)

b3

17

a

26

95 (117단)

b1

26

a

26

13

앞판 '왼쪽' ※목둘레를 제외하고 뒤판 '오른쪽'과 같다.

4 (8코) 7 (14코)

연회색계열 그러데이션

7(7단)

3 (3단)

17 (17단)

82 (104단)

도안 7 (한길 긴뜨기)

15 (15단) (−13코)

2(2단)

17.5(35코)

13 (26단) 15 (29단) (줄무늬 무늬뜨기B) (−3코)

8 (8단) 19(38코) (한길 긴뜨기) 진회색계열 그러데이션

19(38코)

9 (14단) 14 (22코) (줄무늬 무늬뜨기A) (−2코)

7 (7단) 20(40코) (한길 긴뜨기) 진회색계열 그러데이션 (−1코)

12 (12단) 20.5(41코) (한길 긴뜨기 줄무늬) (−2코)

2 (2단) 21.5(43코)

24 (24단) (한길 긴뜨기) 노랑계열 그러데이션 (−4코)

95 (117단)

23.5(47코) 만들기

목둘레 (배색무늬뜨기A) 게이지 조정

(8코) 줄기 모티브b2에서 (26코) 줄기 (8코) 줄기

2(5단) 줄기 (2단) 5/0호 코바늘

(3단) 6/0호 코바늘

(17코) 줄기 모티브b3에서 (26코) 줄기 (17코) 줄기

도안 11

○에서 (10코) 줄기 모티브a에서 (22코) 줄기 ●에서 (10코) 줄기

(42코) 줄기

↓ 소맷부리

4 (11단)

(배색무늬뜨기A) 5/0호 코바늘

※ 가로로 실을 걸치는 짧은뜨기의 배색무늬뜨기 →P.189

※모티브끼리는 떠서 잇기로 연결한다.
※앞판 '왼쪽', 앞판 '중앙', 앞판 '오른쪽'은 떠서 꿰매기와 떠서 잇기로 연결한다.

밑단 (배색무늬뜨기B)

(47코) 줄기 모티브a에서 (26코) 줄기 (47코) 줄기

2 (6단)

(240코) 줄기 안쪽으로 접는다

※가로로 실을 걸치는 짧은뜨기의 배색무늬뜨기→P.189

▷ =실 잇기
► =실 자르기

배색무늬뜨기B

배색 { —=검정 —=연회색계열 그러데이션

6코 1무늬

←⑥
←⑤
←
←
←
←①

※ 단에서 줍는 부분은 가장자리 코를 갈라서 줍는다.

┼ =짧은 이랑뜨기

소매 '중앙' (모티프 연결)

소매 '왼쪽'

(−20코)

10 (16단) (40코)

(줄무늬 무늬뜨기A)

36 (72단)

2.5 (4단) 7.5 (12단)

(92코) 줍기

(52코) 줍기

도안10

○

2

b4

20

46

a

13

소매 '오른쪽'

(−20코)

12

(40코) 10 (16단)

(줄무늬 무늬뜨기A)

36 (72단)

(92코) 줍기

26

(52코) 줍기

도안 9

●

7.5 (12단) 2.5 (4단)

※모티브끼리는 떠서 잇기로 연결한다.

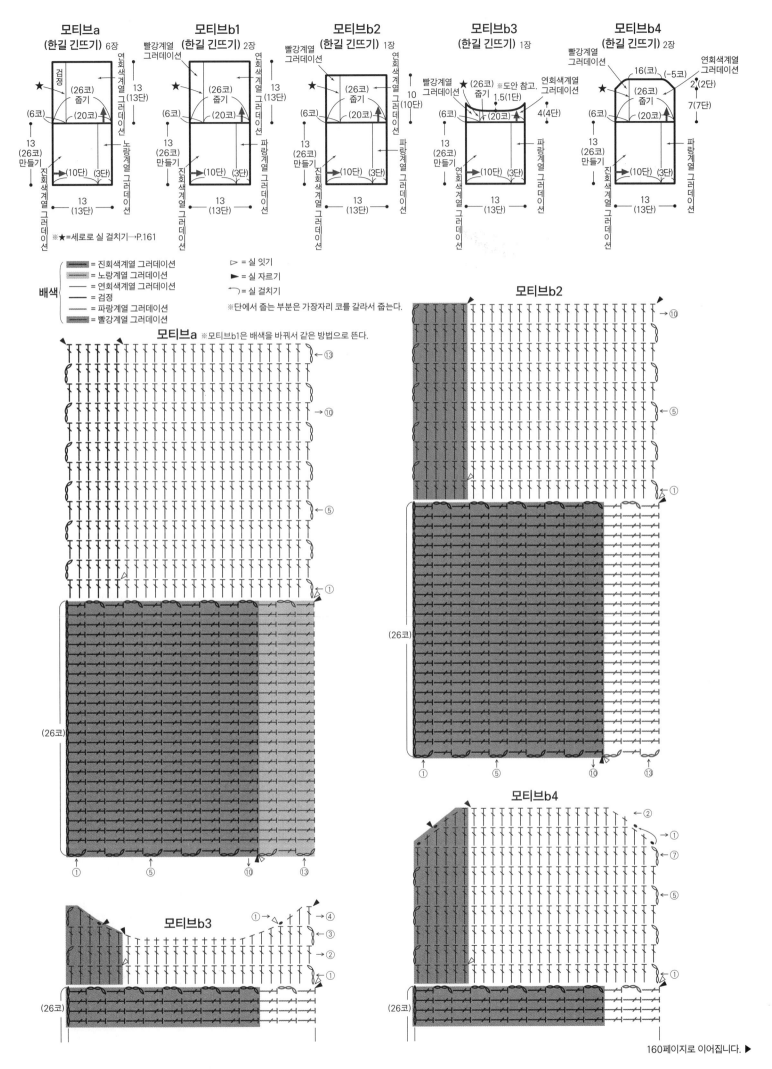

모티브a
(한길 긴뜨기) 6장

모티브b1
(한길 긴뜨기) 2장

모티브b2
(한길 긴뜨기) 1장

모티브b3
(한길 긴뜨기) 1장

모티브b4
(한길 긴뜨기) 2장

※★=세로로 실 걸치기→P.161

배색
= 진회색계열 그러데이션
= 노랑계열 그러데이션
= 연회색계열 그러데이션
= 검정
= 파랑계열 그러데이션
= 빨강계열 그러데이션

▷ = 실 잇기
► = 실 자르기
↰ = 실 걸치기

※단에서 줍는 부분은 가장자리 코를 갈라서 줍는다.

모티브a
※모티브b1은 배색을 바꿔서 같은 방법으로 뜬다.

모티브b2

모티브b3

모티브b4

160페이지로 이어집니다. ▶

▶ 159페이지에서 이어집니다.

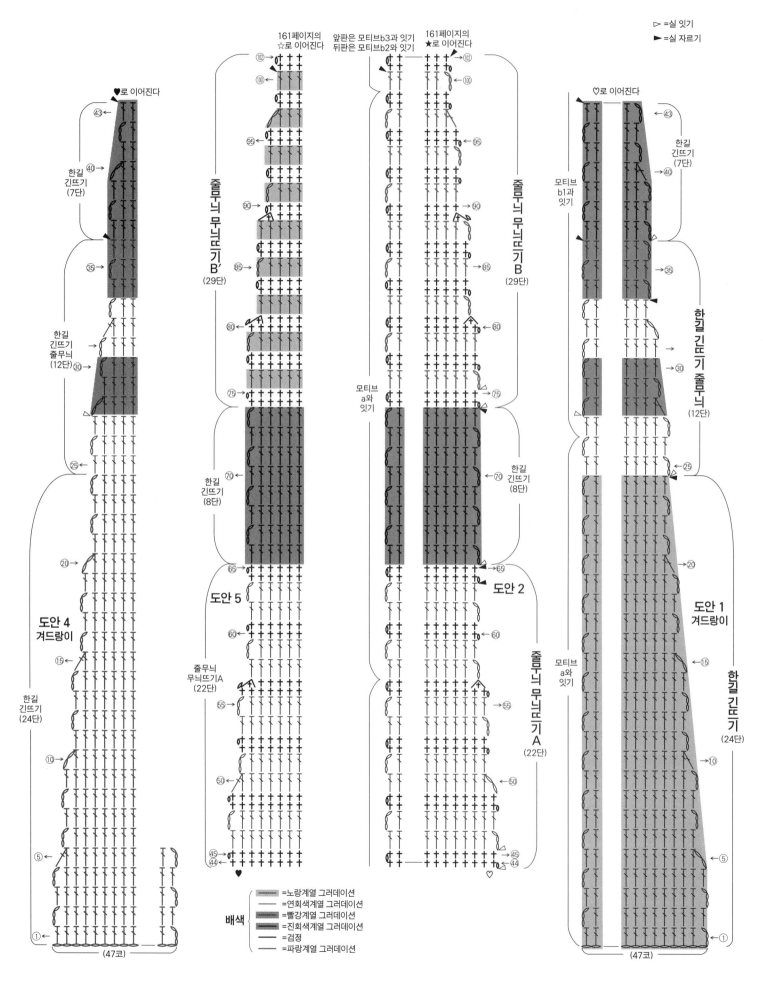

▷ =실 잇기
► =실 자르기

161페이지의 ☆로 이어진다
앞판은 모티브b3과 잇기 뒤판은 모티브b2와 잇기
161페이지의 ★로 이어진다

♡로 이어진다

♥로 이어진다

한길 긴뜨기 (7단)

한길 긴뜨기 줄무늬 (12단)

한길 긴뜨기 (24단)

도안 4 겨드랑이

줄무늬 무늬뜨기 B'
(29단)

한길 긴뜨기 (8단)

줄무늬 무늬뜨기A (22단)

도안 5

도안 2

줄무늬 무늬뜨기 B
(29단)

한길 긴뜨기 (8단)

모티브 a와 잇기

줄무늬 무늬뜨기 A
(22단)

모티브 b1과 잇기

한길 긴뜨기 (7단)

한길 긴뜨기 줄무늬 (12단)

한길 긴뜨기 (24단)

도안 1 겨드랑이

모티브 a와 잇기

(47코)

(47코)

배색
= 노랑계열 그러데이션
= 연회색계열 그러데이션
= 빨강계열 그러데이션
= 진회색계열 그러데이션
= 검정
= 파랑계열 그러데이션

160

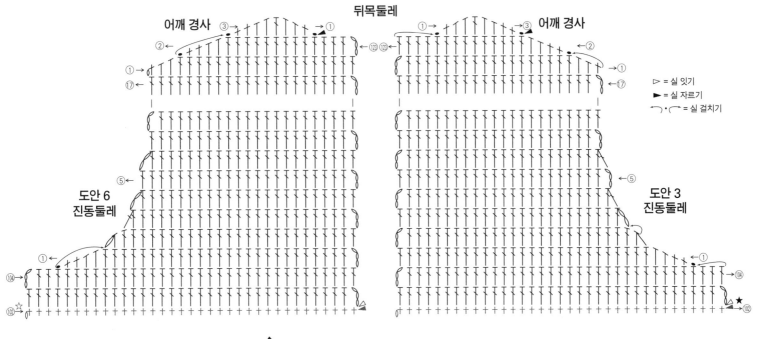

뒤목둘레

어깨 경사 ③

어깨 경사

도안 6
진동둘레

도안 3
진동둘레

▷ = 실 잇기
► = 실 자르기
⌒ • = 실 걸치기

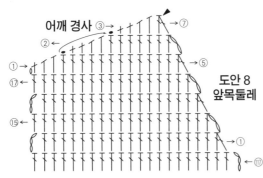
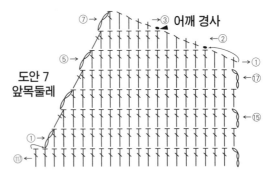

어깨 경사 ③

③ 어깨 경사

도안 8
앞목둘레

도안 7
앞목둘레

**세로로 실을 걸치는
한길 긴뜨기 배색무늬뜨기**

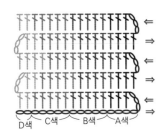

D색 C색 B색 A색

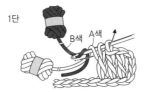

1단

1 A색 마지막 코를 빼낼 때 B색으로
바꾼다. A색을 앞쪽에서 바깥쪽으
로 바늘에 걸고, B색으로 A색의 고
리 2개를 빼낸다. A색은 쉰다.

2 B색을 바늘에 걸고 B색의 꼬리실을
감싸면서 한길 긴뜨기를 한다.

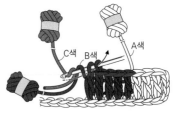

3 B색의 마지막 코를 빼낼 때 C색으
로 바꾼다. B색을 앞쪽에서 바깥쪽
으로 바늘에 걸고, C색으로 B색의
고리 2개를 빼낸다. B색은 쉰다.

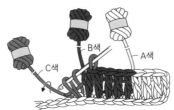

4 C색으로 C색 꼬리실을 감싸면서
한길 긴뜨기를 한다.

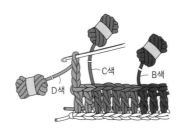

5 C색의 마지막 코를 빼낼 때 1·2와 같은 방법으로 D색
으로 바꾼다. D색의 꼬리실을 감싸면서 한길 긴뜨기를
2코 한다. 기둥코 사슬 3코를 D색으로 뜨고, 뜨개바탕
을 뒤집어서 잡는다.

2단

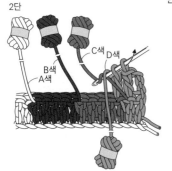

6 D색으로 한길 긴뜨기를 2코 하고, 2번
째 코를 빼낼 때 D색을 바깥쪽에서 앞
쪽으로 바늘에 걸고, C색으로 D색의
고리 2개를 빼낸다.

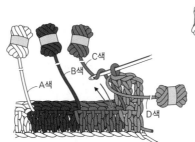

7 D색은 쉬고, C색으로 한길 긴뜨기를
한다.

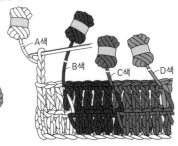

8 6과 같은 요령으로 색을 바꿔가면서 가
장자리까지 뜬다. 기둥코 사슬 3코를 A
색으로 뜨고, 뜨개 바탕을 뒤집어서 잡
는다.

162페이지로 이어집니다. ▶

▶ 161페이지에서 이어집니다.

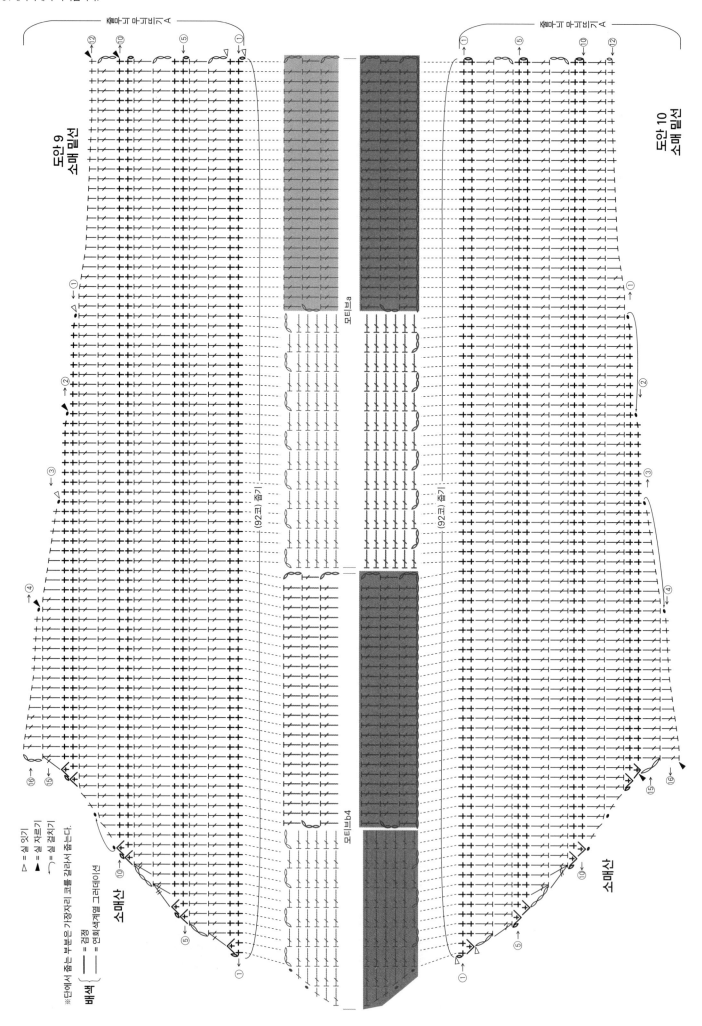

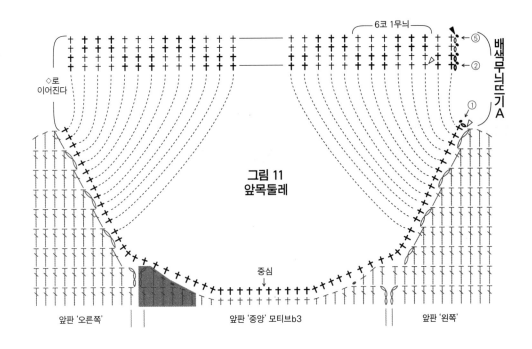

그림 11
앞목둘레

6코 1무늬

←⑤
←②
①

배색무늬뜨기A

◇로
이어진다

앞판 '오른쪽' | 앞판 '중앙' 모티브b3 | 앞판 '왼쪽'

중심

뒤목둘레

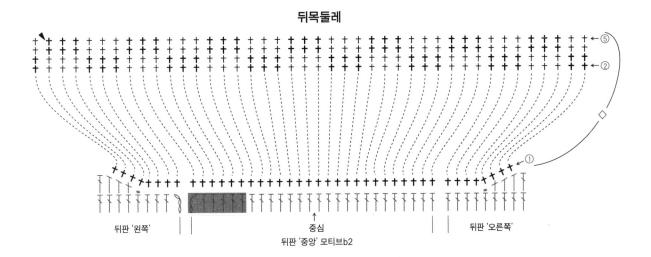

←⑤
←②
◇
①

뒤판 '왼쪽' | 뒤판 '중앙' 모티브b2 | 뒤판 '오른쪽'

중심

▷ = 실 잇기
► = 실 자르기

배색 { —— = 검정
       —— = 연회색계열 그러데이션

배색무늬뜨기A (소맷부리)

6코 1무늬

←⑪
←⑩
←⑤
←①

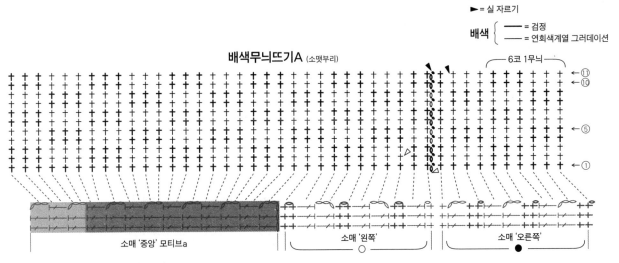

소매 '중앙' 모티브a | 소매 '왼쪽' ○ | 소매 '오른쪽' ●

※단에서 줄기는 가장자리 코를 갈라서 줍는다.

재료
실…퍼피 브리티시 파인 빨강(006) 50g 2볼
실…퍼피 브리티시 파인 잿빛 하늘색(064) 50g
2볼
실…퍼피 브리티시 파인 남색(003) 25g 1볼
도구
대바늘 5호
완성 크기
너비 161cm×길이 50.5cm
게이지(10×10cm)
줄무늬 무늬뜨기, 무늬뜨기 19코×40단

POINT
● 손가락에 거는 기초코로 뜨개를 시작하고 줄무
늬 무늬뜨기, 무늬뜨기를 합니다. 늘림코는 도안을
참고하세요. 마무리는 무늬뜨기를 계속하면서 안
면에서 덮어씌워 코막음을 합니다.

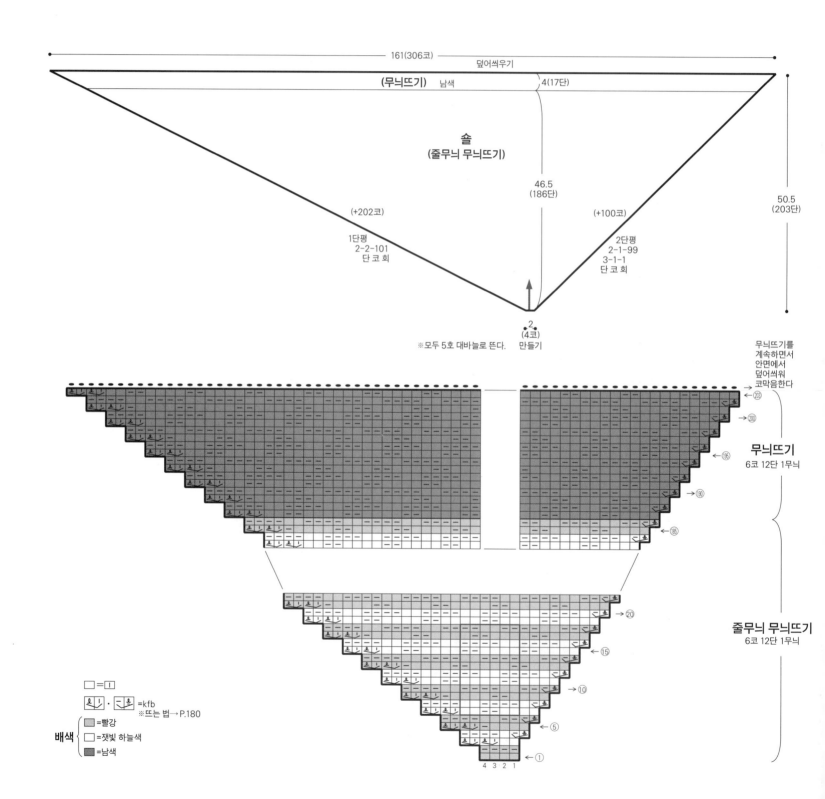

161(306코) ────── 덮어씌우기

(무늬뜨기) 남색 ────── 4(17단)

숄
(줄무늬 무늬뜨기)

46.5
(186단)

50.5
(203단)

(+202코)

(+100코)

1단평
2-2-101
단 코 회

2단평
2-1-99
3-1-1
단 코 회

2
(4코)
만들기

※모두 5호 대바늘로 뜬다.

무늬뜨기를
계속하면서
안면에서
덮어씌워
코막음한다

무늬뜨기
6코 12단 1무늬

줄무늬 무늬뜨기
6코 12단 1무늬

□ = □
⚓ ↓ · ⚓ ↓ = kfb
※뜨는 법→P.180

배색
□ = 빨강
□ = 잿빛 하늘색
□ = 남색

4 3 2 1

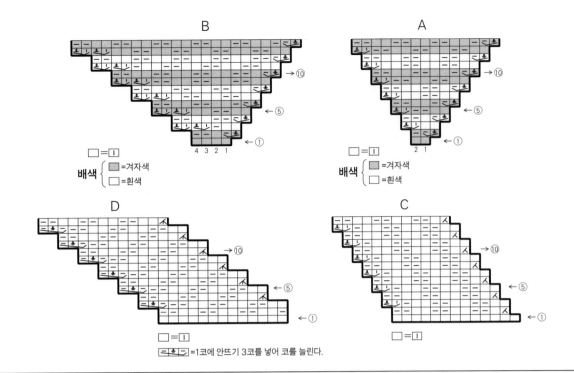

B

A

□=|

배색 { ■=겨자색 / □=흰색 }

배색 { ■=겨자색 / □=흰색 }

D

C

□=|

≡⨼≡ =1코에 안뜨기 3코를 넣어 코를 늘린다.

오른코 위 걸러
교차뜨기

1 오른코의 바깥쪽에서 왼코에 화살표처럼 오른바늘을 넣고

2 겉뜨기를 한다.

3 뜬 코는 그대로 둔 채, 오른코에 화살표처럼 오른바늘을 넣는다.

4 오른코 위 걸러 교차뜨기를 완성했다.

왼코 위 걸러
교차뜨기

1 오른코 앞쪽에서 왼코에 화살표처럼 바늘을 넣는다.

2 걸러뜨기를 하고 오른쪽으로 잡아당기고 오른코에 오른 바늘을 넣는다.

3 겉뜨기를 한다.

4 왼바늘을 비우자 왼코 위 걸러 교차뜨기가 완성되었다.

중심 돌려
3코 모아뜨기

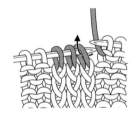
1 첫 코를 오른바늘로 옮긴다.

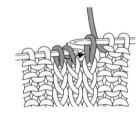
2 2번째 코에 화살표처럼 오른바늘을 넣어 옮긴다.

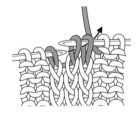
3 왼바늘에 2코를 옮긴다.

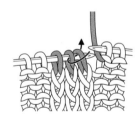
4 오른바늘에 2코를 화살표처럼 오른바늘을 넣어 옮긴다.

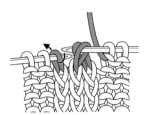
5 3번째 코에 오른바늘을 넣고

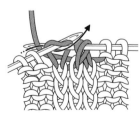
6 오른바늘에 실을 걸어서 빼낸다.

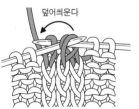
7 왼바늘을 오른쪽 2코에 넣어서 3번째 코에 덮어씌운다.

8 중심 돌려 3코 모아뜨기를 완성했다.

재료

나이토상사 마지아 오렌지·핑크계열 그러데이션 (2) 395g 8볼

도구…대바늘 10호·6호·4호

완성 크기

가슴둘레 94, 기장 65.5cm, 화장 72.5cm

게이지

10×10cm 메리야스뜨기 16코×22단, 무늬뜨기 A·B 10코에 3cm, 10cm에 22단

POINT

● 요크·몸판·소매…요크는 손가락에 거는 기초 코로 뜨개를 시작하고, 무늬뜨기A·B, 메리야스 뜨기를 원형으로 뜹니다. 늘림코는 도안을 참고하

세요. 뒤판에 앞뒤 단차로 8단을 왕복뜨기합니다. 앞·뒤판은 요크에서 코를 줍고, 겨드랑이는 공사슬로 코를 만들어 원형으로 뜹니다. 계속해서 2코 고무뜨기를 합니다. 마무리는 겉뜨기는 겉뜨기, 안뜨기는 안뜨기한 다음 덮어씌워 코막음합니다. 소매는 요크 쉼코와 겨드랑이 코, 앞뒤 단차에서 코를 주워 메리야스뜨기를 원형으로 합니다. 증감코는 도안을 참고하세요. 계속해서 2코 고무뜨기를 하고, 마무리는 밑단과 같은 방법으로 합니다.

● 마무리…목둘레는 지정 콧수만큼 주워서 2코 고무뜨기를 원형으로 합니다. 마무리는 밑단과 같은 방법으로 합니다.

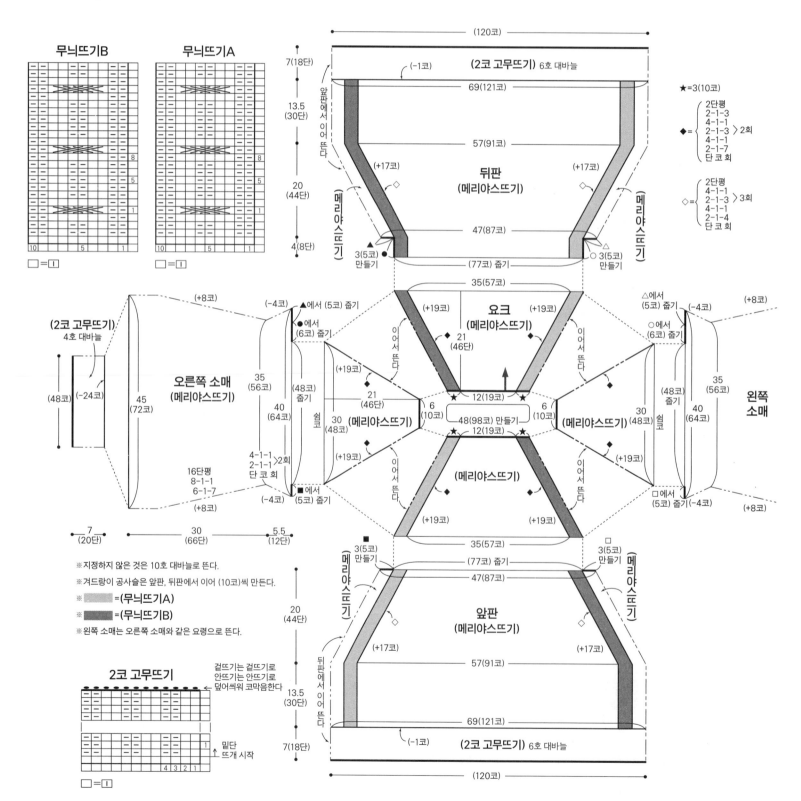

요크 뜨는 법

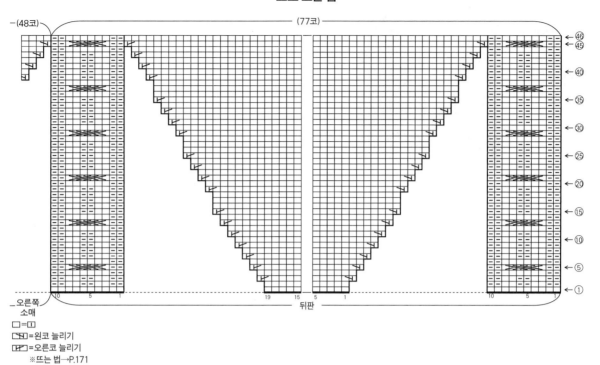

□=□
⟋S⟍=왼코 늘리기
⟋P⟍=오른코 늘리기
　※뜨는 법→P.171

옆선 늘림코

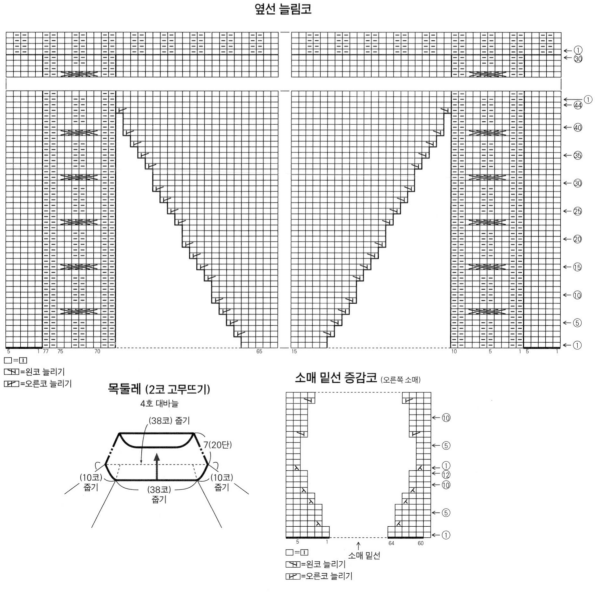

□=□
⟋S⟍=왼코 늘리기
⟋P⟍=오른코 늘리기

목둘레 (2코 고무뜨기)
4호 대바늘

(38코) 줄기
7(20단)
(10코) 줄기
(10코) 줄기
(38코) 줄기

소매 밑선 증감코 (오른쪽 소매)

□=□
⟋S⟍=왼코 늘리기
⟋P⟍=오른코 늘리기

소매 밑선

에브리데이 솔리드

마지아

재료
실…나이토상사 에브리데이 솔리드 베이지(21)
185g 2볼, 빨강(6) 120g 2볼
실…나이토상사 마지아 남색계열 그러데이션(6)
105g 3볼
도구
대바늘 8호
완성 크기
가슴둘레 106cm, 기장 54.5cm, 화장 65.5cm
게이지(10×10cm)
배색무늬뜨기 18코×26단

POINT
● 몸판·소매…손가락에 거는 기초코로 뜨개를
시작하고 2코 고무뜨기, 배색무늬뜨기를 원형으
로 합니다. 배색무늬뜨기는 가로로 실을 걸치는
방법으로 뜹니다. 소매 분산 줄임코는 도안을 참고
하세요.
● 마무리…요크는 몸판과 소매에서 코를 주워 분
산 줄임코를 하면서 배색무늬뜨기를 합니다. 계속
해서 목둘레는 2코 고무뜨기를 합니다. 마무리는
2코 고무뜨기 코막음을 합니다. 겨드랑이 부분은
메리야스 잇기를 합니다.

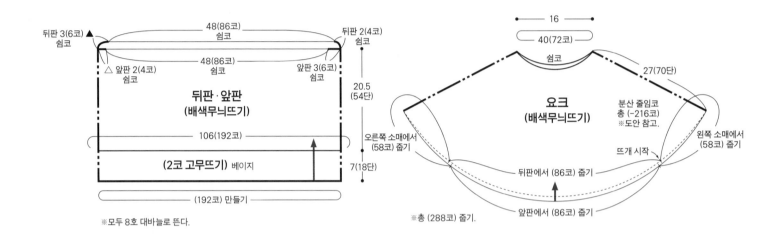

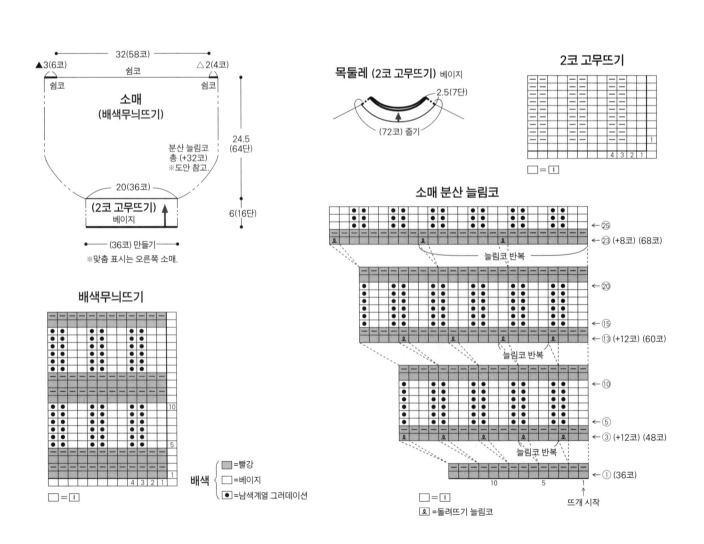

※모두 8호 대바늘로 뜬다.

요크 분산 줄임코

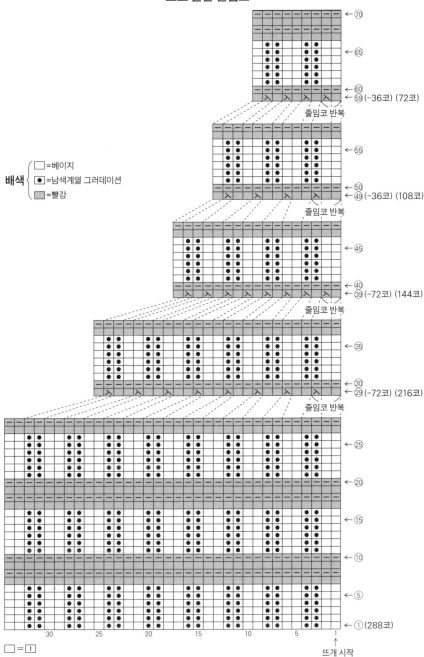

배색 {
□ =베이지
● =남색계열 그러데이션
■ =빨강

←⑦
←㉕
←㉒ (-36코) (72코)
줄임코 반복
←㉕
←㉒
←㊾ (-36코) (108코)
줄임코 반복
←㊺
←㊴ (-72코) (144코)
줄임코 반복
←㉟
←㉙ (-72코) (216코)
줄임코 반복
←㉕
←⑳
←⑮
←⑩
←⑤
←① (288코)

□ =Ⅰ

30   25   20   15   10   5   1

↑
뜨개 시작

가로로 실을 걸치는 배색무늬뜨기

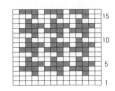

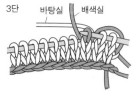

3단

바탕실 배색실

1 배색실을 끼운 다음 뜨개를 시작해서 바탕실로 2코, 배색실로 1코를 뜬다.

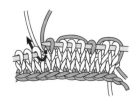

2 배색실은 위로 바탕실은 아래로 걸쳐 바탕실 3코, 배색실 1코 뜨기를 반복한다.

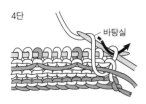

4단

바탕실

3 4단을 뜨기 시작한다. 배색실을 끼우고 첫 코를 뜬다.

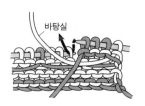

바탕실

4 안뜨기 쪽을 뜰 때도 배색실은 위, 바탕실은 아래에 걸쳐서 뜬다.

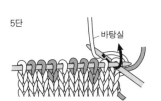

5단

바탕실

5 단을 처음 뜨기 시작할 때 뜨는 실에 쉬는 실을 끼운 다음 뜬다.

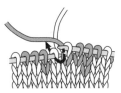

6 배색실로 3코, 바탕실로 1코를 도안대로 반복한다.

6단

7 배색실 1코, 바탕실 3코를 반복한다. 이 단에서 무늬 1개를 완성했다.

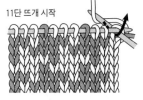

11단 뜨기 시작

8 4단을 더 떠서 하운즈 투스 체크 무늬를 2개 완성한 모습.

시젠노쓰무기

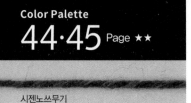

재료

올림포스 시젠노쓰무기

A…베이지(5) 230g 5볼

B…연지색(3) 85g 2볼

C…카키(6) 70g 2볼

D…연그레이(7) 130g 3볼

E…그레이(8) 45g 1볼

도구…대바늘 12호·6호·5호·4호

완성 크기

A…목둘레 120cm, 기장 23cm

B…목둘레 61cm, 기장 22cm

C…손바닥 둘레 20cm, 기장 28.5cm

D…발목 둘레 28.5cm, 기장 36.5cm

E…폭 13.5cm, 머리둘레 45cm

게이지(10×10cm)

무늬뜨기 17코×24단(A), 25코×34단(B), 28코×35단(C·D·E)

POINT

● A…모두 2가닥으로 뜹니다. 별도 사슬로 기초코를 만들어 뜨기 시작해 가터뜨기, 무늬뜨기로 뜹니다. 뜨개 끝은 쉼코를 하고 뜨개 시작 부분과 덮어씌워 잇기로 연결합니다.

● B·D…손가락에 실을 걸어서 기초코를 만들어 뜨기 시작해 2코 고무뜨기, 무늬뜨기로 원형으로 뜹니다. 뜨개 끝은 겉뜨기는 겉뜨기로, 안뜨기는 안뜨기로 덮어씌워 코막음합니다.

● C…손가락에 실을 걸어서 기초코를 만들어 뜨기 시작해 2코 고무뜨기, 무늬뜨기로 원형으로 뜨되 엄지 구멍 부분은 왕복뜨기합니다. 뜨개 끝은 겉뜨기는 겉뜨기로, 안뜨기는 안뜨기로 덮어씌워 코막음합니다.

● E…손가락에 실을 걸어서 기초코를 만들어 뜨기 시작해 가터뜨기, 무늬뜨기로 뜹니다. 뜨개 끝은 덮어씌워 코막음합니다. 마무리하는 법을 참고해 완성합니다.

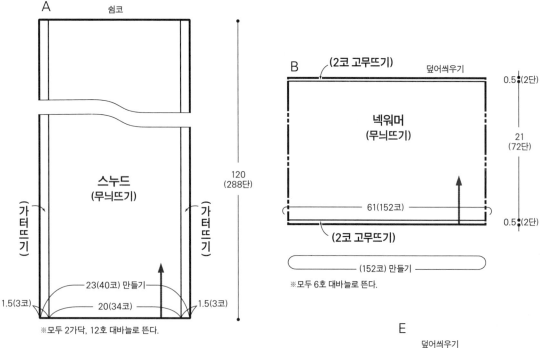

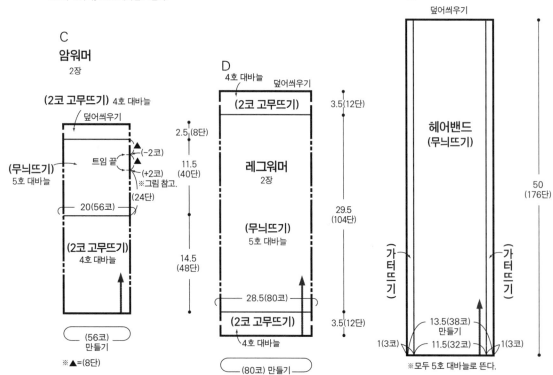

엄지 구멍의 증감코 (C)

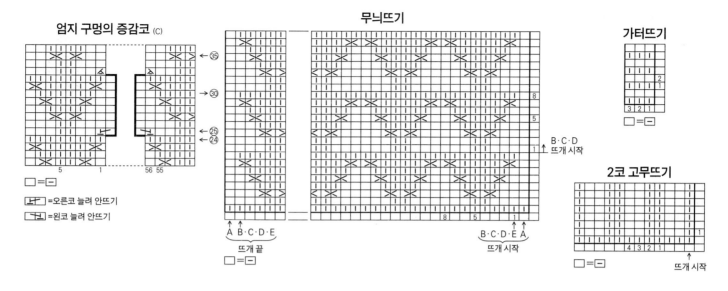

□ = ─

⊢═┤ =오른코 늘려 안뜨기

⊢═┤ =왼코 늘려 안뜨기

무늬뜨기

A B·C·D·E
뜨개 끝

□ = ─

B·C·D·E A
뜨개 시작

B·C·D
뜨개 시작

가터뜨기

□ = ─

2코 고무뜨기

□ = ─

뜨개 시작

마무리하는 법 (E)

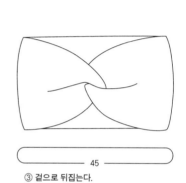

(안)

① 겉끼리 맞대어 접고 뜨개
시작과 끝부분을 맞춘다.

(안) 0.5
(안)

② 그림과 같이 접고 큰 땀
으로 박음질한다.

45

③ 겉으로 뒤집는다.

왼코 늘리기

⊢═┤

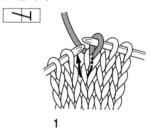

1

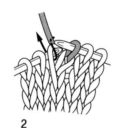

2

늘린 코

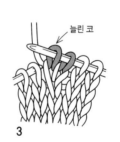

3

왼코 늘려 안뜨기

⊢═┤

오른코 늘리기

⊢═┤

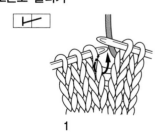

1

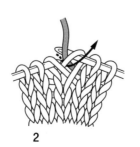

2

늘린 코

3

오른코 늘려 안뜨기

⊢═┤

171

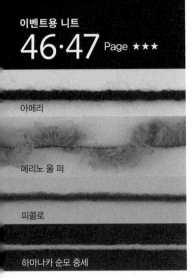

아메리

메리노 울 퍼

피콜로

하마나카 순모 중세

재료
하마나카 아메리, 메리노 울 퍼, 피콜로, 하마나카 순모 중세 ※실의 색이름·색번호·사용량·부자재는 표를 참고하세요.

도구
코바늘 2/0호·3/0호·5/0호·7/0호

완성 치수
빨강 도깨비·파랑 도깨비…높이 15cm
콩과 되…도안 참고

POINT
● 도안을 참고해 각 부분을 뜹니다. 마무리하는 법을 참고해서 완성합니다.

실 사용량과 부재료

	실이름	색이름(색번호)	사용량	부자재
콩 (60개)	하마나카 순모 중세	황토색(33)	18g/1볼	
	피콜로	카멜(54)	2g/1볼	
되	피콜로	베이지(16)	10g/1볼	두꺼운 종이 3.7cm×19.4cm
	피콜로	연갈색(38)	2g/1볼	

콩 2/0호 코바늘
60개 황토색
같은 실을 채워 넣고, 맨 마지막 단의 코 전체에 실을 통과시켜 잡아당긴다

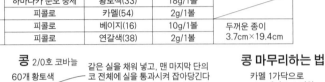

콩 마무리하는 법
카멜 1가닥으로 스트레이트 스티치
(2단)
1.4
(2단)
1

되 3/0호 코바늘
(56코)

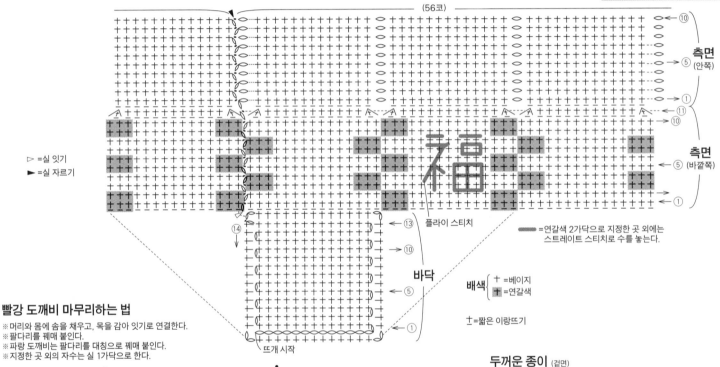

▷ =실 잇기
► =실 자르기

측면 (안쪽)
측면 (바깥쪽)

바닥

플라이 스티치

═══ =연갈색 2가닥으로 지정한 곳 외에는 스트레이트 스티치로 수를 놓는다.

배색 { + =베이지, + =연갈색 }

± =짧은 이랑뜨기

뜨개 시작

빨강 도깨비 마무리하는 법
※ 머리와 몸에 솜을 채우고, 목을 감아 잇기로 연결한다.
※ 팔다리를 꿰매 붙인다.
※ 파랑 도깨비는 팔다리를 대칭으로 꿰매 붙인다.
※ 지정한 곳 외의 자수는 실 1가닥으로 한다.

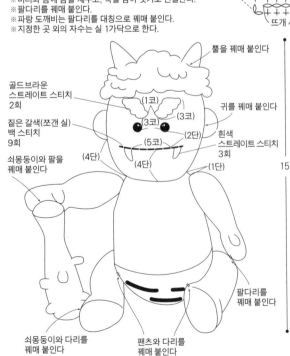

뿔을 꿰매 붙인다

골드브라운 스트레이트 스티치 2회
(1코)
(3코)
짙은 갈색(쪼갠 실) 백 스티치 9회
(5코)
(2단)
(4단)
(4단)
(1단)

귀를 꿰매 붙인다

흰색 스트레이트 스티치 3회

쇠몽둥이와 팔을 꿰매 붙인다

15

쇠몽둥이와 다리를 꿰매 붙인다

팬츠와 다리를 꿰매 붙인다

팔다리를 꿰매 붙인다

두꺼운 종이 (겉면)
4.6 4.6 4.6 4.6 1
3.7
접는다 접는다 접는다 접는다 풀칠하는 곳
19.4

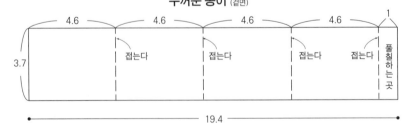

되 마무리하는 법
두꺼운 종이를 측면 안쪽에 접어 넣고, 바닥과 감치기한다
4
5.3

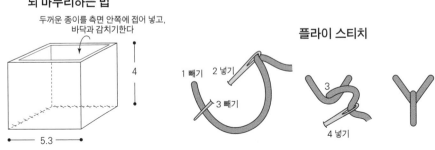

플라이 스티치
1 빼기 2 넣기
3 빼기
3
4 넣기

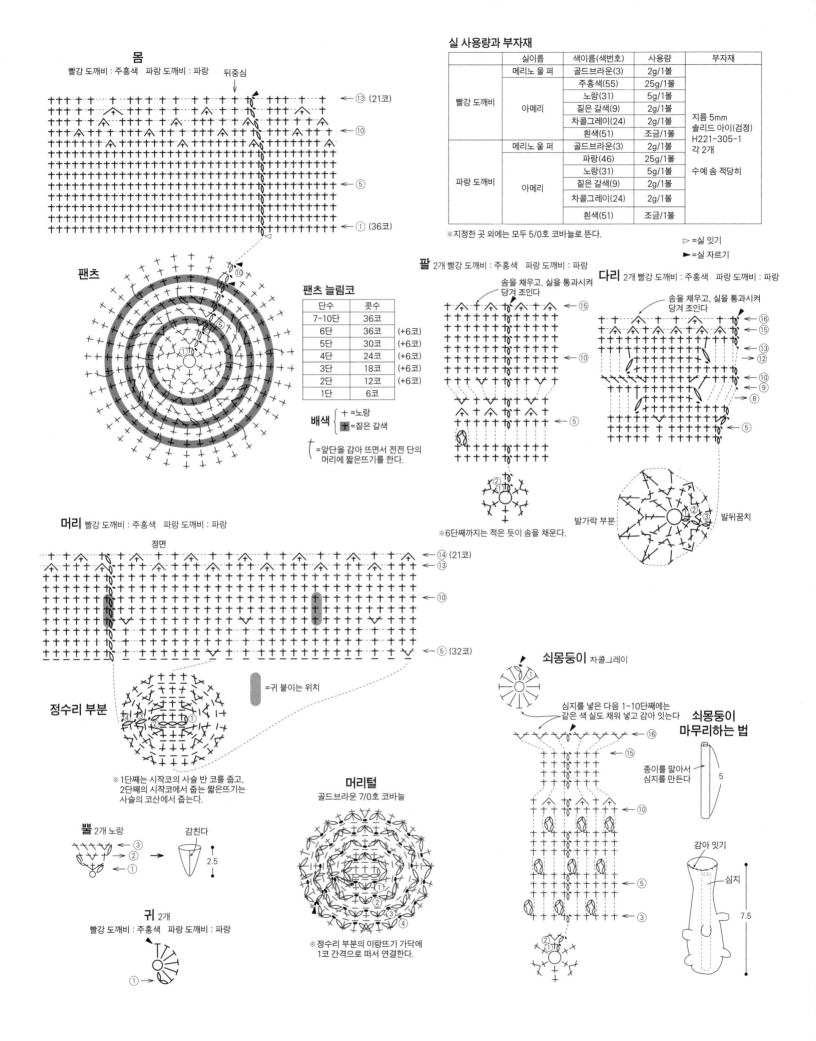

몸
빨강 도깨비 : 주홍색 파랑 도깨비 : 파랑

뒤중심

← ⑬ (21코)
← ⑩
← ⑤
← ① (36코)

실 사용량과 부자재

	실이름	색이름(색번호)	사용량	부자재
빨강 도깨비	메리노 울 퍼	골드브라운(3)	2g/1볼	지름 5mm 솔리드 아이(검정) H221-305-1 각 2개 수예 솜 적당히
	아메리	주홍색(55)	25g/1볼	
		노랑(31)	5g/1볼	
		짙은 갈색(9)	2g/1볼	
		차콜그레이(24)	2g/1볼	
		흰색(51)	조금/1볼	
파랑 도깨비	메리노 울 퍼	골드브라운(3)	2g/1볼	
	아메리	파랑(46)	25g/1볼	
		노랑(31)	5g/1볼	
		짙은 갈색(9)	2g/1볼	
		차콜그레이(24)	2g/1볼	
		흰색(51)	조금/1볼	

※지정한 곳 외에는 모두 5/0호 코바늘로 뜬다.

▷ =실 잇기
► =실 자르기

팬츠

팬츠 늘림코

단수	콧수	
7~10단	36코	
6단	36코	(+6코)
5단	30코	(+6코)
4단	24코	(+6코)
3단	18코	(+6코)
2단	12코	(+6코)
1단	6코	

배색 { + =노랑 + =짙은 갈색

† =앞단을 감아 뜨면서 전전 단의 머리에 짧은뜨기를 한다.

팔 2개 빨강 도깨비 : 주홍색 파랑 도깨비 : 파랑

솜을 채우고, 실을 통과시켜 당겨 조인다

← ⑮
← ⑩
← ⑤

※6단째까지는 적은 듯이 솜을 채운다.

다리 2개 빨강 도깨비 : 주홍색 파랑 도깨비 : 파랑

솜을 채우고, 실을 통과시켜 당겨 조인다

← ⑯
← ⑮
→ ⑬
→ ⑫
← ⑩
← ⑨
← ⑧
← ⑤

발가락 부분   발뒤꿈치

머리 빨강 도깨비 : 주홍색 파랑 도깨비 : 파랑

정면

← ⑭ (21코)
← ⑬
← ⑩
← ⑥ (32코)

정수리 부분

=귀 붙이는 위치

※1단째는 시작코의 사슬 반 코를 줍고, 2단째의 시작코에서 줍는 짧은뜨기는 사슬의 코산에서 줍는다.

뿔 2개 노랑

→ ③
→ ②
→ ①

감친다

2.5

귀 2개
빨강 도깨비 : 주홍색 파랑 도깨비 : 파랑

→ ①

머리털
골드브라운 7/0호 코바늘

※정수리 부분의 이랑뜨기 가닥에 1코 간격으로 떠서 연결한다.

쇠몽둥이 차콜그레이

심지를 넣은 다음 1~10째에는 같은 색 실도 채워 넣고 감아 있는다

← ⑯
← ⑮
← ⑩
← ⑤

쇠몽둥이 마무리하는 법

종이를 말아서 심지를 만든다

5

감아 잇기

심지

7.5

스위스 시리즈

재료

남성용…KFS 프로 라나 스위스 시리즈 녹색계열
그러데이션(아루무 LK001) 90g 1볼
여성용… KFS 프로 라나 스위스 시리즈 오렌지색
계열 그러데이션(퐁듀 LK004) 80g 1볼
아이용…KSF 프로 라나 스위스 시리즈 옅은 남색
계열 그러데이션(마터호른 LK003) 50g 1볼

도구

사각바늘 3호(3mm)(대바늘 2~3호)

완성 치수

남성용…발바닥 길이 25cm, 발목 길이 25cm
여성용…발바닥 길이 23cm, 발목 길이 23cm
아이용…발바닥 길이 17.5cm, 발목 길이 18cm

게이지(10×10cm)

메리야스뜨기 29코×42단

POINT

● 손가락 걸기코로 뜨기 시작해 메리야스뜨기로
원형뜨기를 합니다. 발뒤꿈치는 도안을 참고하면
서 왕복뜨기로 뜹니다. 이어서 발뒤꿈치와 발목의
쉼코에서 코를 주워 원형뜨기를 합니다. 발가락 부
분의 분산 줄임코는 도안을 참고하세요. 다 떴으면
마지막 단에 실을 통과시켜 잡아당깁니다.

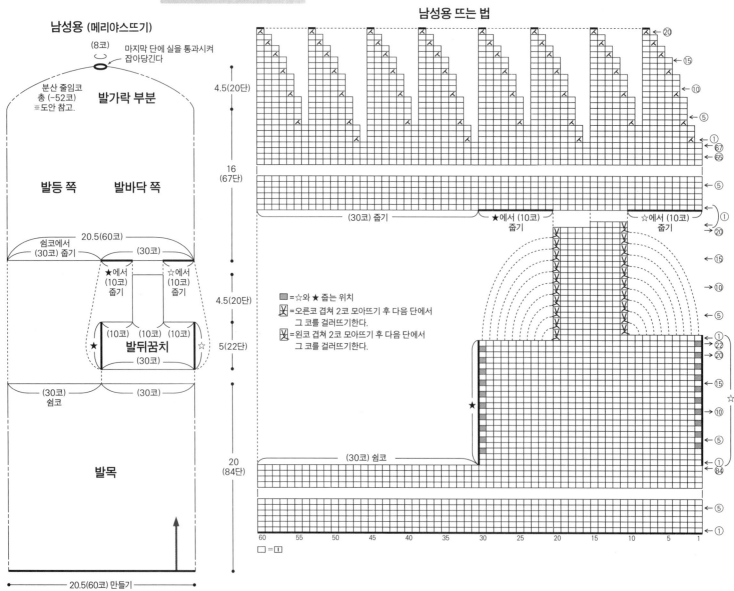

남성용 (메리야스뜨기)

남성용 뜨는 법

여성용
(메리야스뜨기)

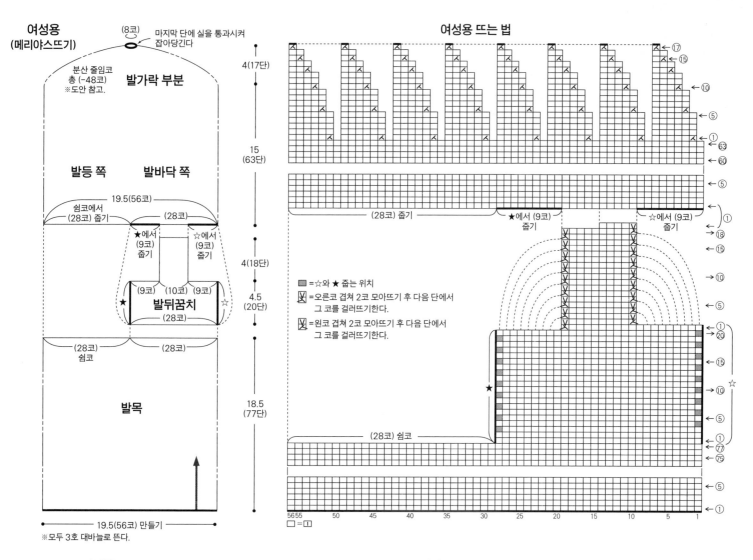

(8코)
마지막 단에 실을 통과시켜
잡아당긴다

분산 줄임코
총 (-48코)
※도안 참고.

발가락 부분

4(17단)

발등 쪽   발바닥 쪽

15
(63단)

19.5(56코)

쉼코에서
(28코) 줄기   (28코)

★에서
(9코)
줄기

☆에서
(9코)
줄기

4(18단)

(9코)   (10코)   (9코)

★   발뒤꿈치   ☆

4.5
(20단)

(28코)

(28코)
쉼코   (28코)

발목

18.5
(77단)

19.5(56코) 만들기
※모두 3호 대바늘로 뜬다.

여성용 뜨는 법

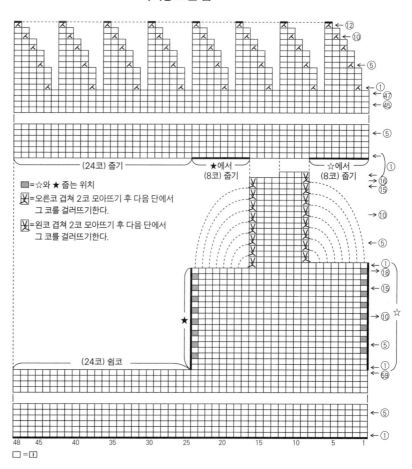

■ =☆와 ★ 줄는 위치
☒ =오른코 겹쳐 2코 모아뜨기 후 다음 단에서
    그 코를 걸러뜨기한다.
☒ =왼코 겹쳐 2코 모아뜨기 후 다음 단에서
    그 코를 걸러뜨기한다.

(28코) 줄기   ★에서 (9코) 줄기   ☆에서 (9코) 줄기

(28코) 쉼코

□ = ①

아이용 (메리야스뜨기)

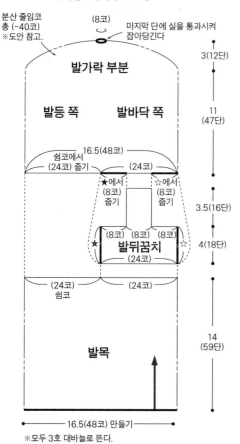

분산 줄임코
총 (-40코)
※도안 참고.

(8코)

마지막 단에 실을 통과시켜
잡아당긴다

발가락 부분

3(12단)

발등 쪽   발바닥 쪽

11
(47단)

16.5(48코)

쉼코에서
(24코) 줄기   (24코)

★에서
(8코)
줄기

☆에서
(8코)
줄기

3.5(16단)

(8코)   (8코)   (8코)

★   발뒤꿈치   ☆

4(18단)

(24코)

(24코)
쉼코   (24코)

발목

14
(59단)

16.5(48코) 만들기
※모두 3호 대바늘로 뜬다.

아이용 뜨는 법

■ =☆와 ★ 줄는 위치
☒ =오른코 겹쳐 2코 모아뜨기 후 다음 단에서
    그 코를 걸러뜨기한다.
☒ =왼코 겹쳐 2코 모아뜨기 후 다음 단에서
    그 코를 걸러뜨기한다.

(24코) 줄기   ★에서 (8코) 줄기   ☆에서 (8코) 줄기

(24코) 쉼코

□ = ①

다이아 보르도

다이아 태즈메이니언 메리노

재료

실(재킷용)…다이아몬드케이토 다이아 보르도 연보라계열 그러데이션(2408) 170g 6볼, 다이아 태즈메이니언 메리노 차콜그레이(729) 145g 4볼, 흰색(701) 40g 1볼

실(스커트용)…다이아몬드케이토 다이아 보르도 연보라계열 그러데이션(2408) 160g 6볼, 다이아 태즈메이니언 메리노 차콜그레이(729) 170g 5볼, 흰색(701) 35g 1볼

단추(재킷용)…지름 20mm×5개

고무벨트(스커트용)…폭 30mm×길이 70cm

도구

대바늘 6호·5호·4호, 코바늘 6/0호

완성 크기

재킷…가슴둘레 101.5cm, 어깨너비 35cm, 기장 50.5cm, 소매 길이 51.5cm

스커트…몸통 둘레 71cm, 스커트 길이 69.5cm

게이지(10×10cm)

줄무늬 무늬뜨기 20코×30단, 멍석뜨기 22코×38.5단(스커트)

POINT

● 재킷…별도 사슬로 만드는 기초코로 뜨개를 시작하고, 줄무늬 무늬뜨기를 합니다. 늘림코는 1코 안쪽에서 돌려뜨기 늘림코를 합니다. 줄임코는 2번째 코부터 덮어씌우기, 첫 코는 가장자리 1코를 세워서 줄임코를 합니다. 줄무늬 무늬뜨기의 지정 부분에는 빼뜨기합니다. 어깨는 덮어씌워 잇기, 옆판은 떠서 꿰매기를 합니다. 밑단, 소맷부리는 기초코 사슬을 푼 다음 코를 주워서 멍석뜨기합니다. 마무리는 무늬를 계속 뜨면서 덮어씌워 코막음합니다. 소매 밑선은 떠서 꿰매기합니다. 목둘레·앞단은 지정 콧수만큼 주워서 가터뜨기합니다. 오른쪽 앞단에는 단춧구멍을 냅니다. 마무리는 안면에서 덮어씌워 코막음합니다. 소매는 빼뜨기 꿰매기로 몸판과 연결합니다. 단추를 달아 완성합니다.

● 스커트…별도 사슬로 만드는 기초코로 뜨개를 시작하고, 앞·뒤판은 줄무늬 무늬뜨기, 옆판은 멍석뜨기합니다. 옆판 줄임코는 가장자리에서 2번째 코와 3번째 코를 2코 모아뜨기합니다. 마무리는 쉼코를 합니다. 줄무늬 무늬뜨기의 지정 부분에 빼뜨기합니다. 앞·뒤판과 옆판을 떠서 꿰매기로 연결합니다. 밑단은 기초코 사슬을 푼 다음 코를 주워서 가터뜨기를 원형으로 합니다. 마무리는 안뜨기하면서 덮어씌워 코막음합니다. 벨트는 지정 콧수만큼 주워 메리야스뜨기를 원형으로 하고, 마무리는 쉼코를 합니다. 원형으로 만든 고무벨트를 끼워서 반으로 접고, 스커트 마지막 단과 메리야스 잇기로 맞춥니다.

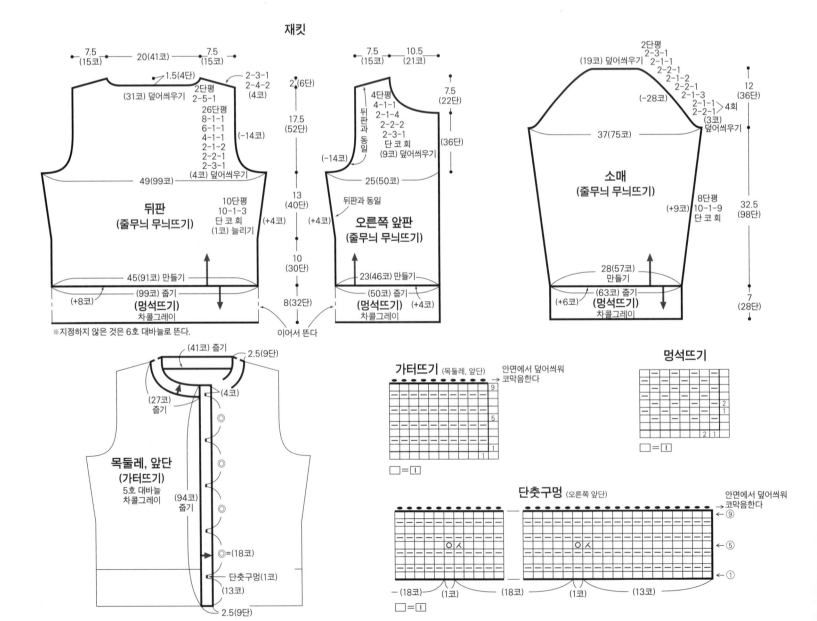

재킷

※지정하지 않은 것은 6호 대바늘로 뜬다.

가터뜨기 (목둘레, 앞단)

멍석뜨기

단춧구멍 (오른쪽 앞단)

스커트

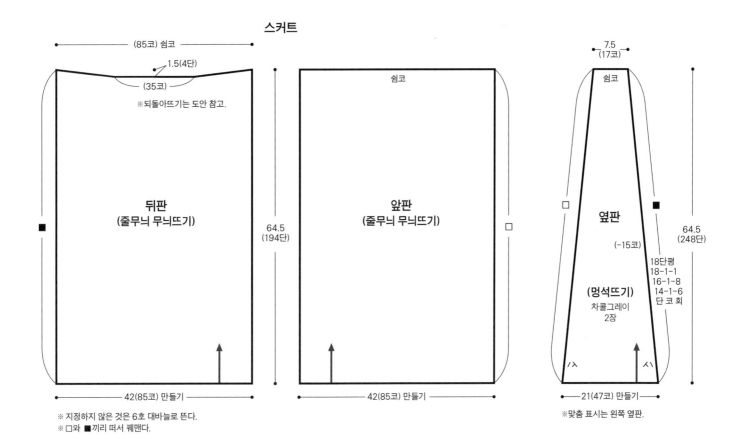

(85코) 쉼코

1.5(4단)
(35코)

※되돌아뜨기는 도안 참고.

뒤판
(줄무늬 무늬뜨기)

64.5
(194단)

42(85코) 만들기

쉼코

앞판
(줄무늬 무늬뜨기)

42(85코) 만들기

7.5
(17코)

쉼코

옆판

(-15코)

(멍석뜨기)
차콜그레이
2장

64.5
(248단)

18단평
18-1-1
16-1-8
14-1-6
단 코 회

21(47코) 만들기

※ 지정하지 않은 것은 6호 대바늘로 뜬다.
※ □와 ■끼리 떠서 꿰맨다.

※맞춤 표시는 왼쪽 옆판.

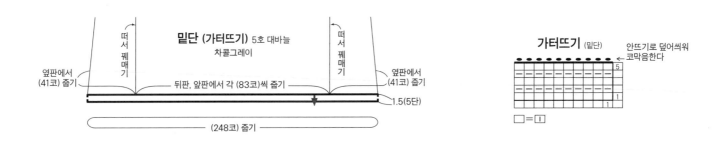

밑단 (가터뜨기) 5호 대바늘
차콜그레이

떠서 꿰매기

떠서 꿰매기

옆판에서
(41코) 줍기

뒤판, 앞판에서 각 (83코)씩 줍기

옆판에서
(41코) 줍기

1.5(5단)

(248코) 줍기

가터뜨기 (밑단)

안뜨기로 덮어씌워
코막음한다

5

1

□ = ⊡

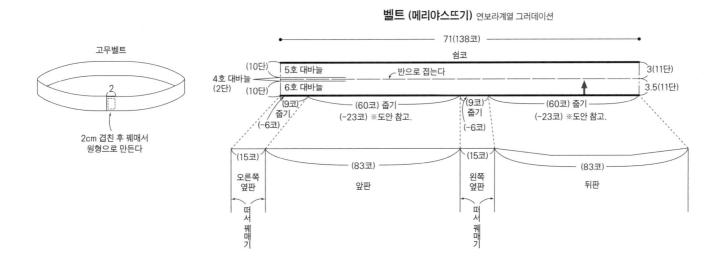

벨트 (메리야스뜨기) 연보라계열 그러데이션

고무벨트

2

2cm 겹친 후 꿰매서
원형으로 만든다

71(138코)

쉼코

(10단)
5호 대바늘

4호 대바늘
(2단)

6호 대바늘
(10단)

반으로 접는다

3(11단)

3.5(11단)

(9코)
줍기
(-6코)

(60코) 줍기
(-23코) ※도안 참고.

(9코)
줍기
(-6코)

(60코) 줍기
(-23코) ※도안 참고.

(15코)

(83코)

(15코)

(83코)

오른쪽
옆판

앞판

왼쪽
옆판

뒤판

떠서 꿰매기

떠서 꿰매기

178페이지로 이어집니다. ▶

▶ 177페이지에서 이어집니다.

줄무늬 무늬뜨기

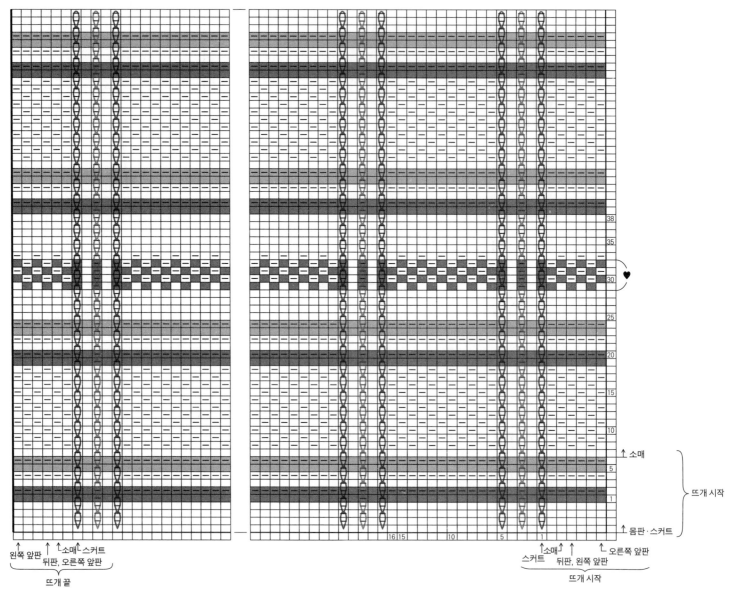

□ = ☐
※♥의 4단은 가로로 실을 걸치는 배색무늬뜨기→P.169
※스커트 가장자리 첫 코는 겉뜨기로 뜬다.

배색 {
□ =연보라계열 그러데이션
■ =차콜그레이
▨ =흰색
}

빼뜨기 배색
{
❍ =차콜그레이
❍ =흰색
}
※6/0호 코바늘로 뒤에서 1단 건너뛰고 빼뜨기한다.

뒤판 되돌아뜨기와 벨트 줄임코

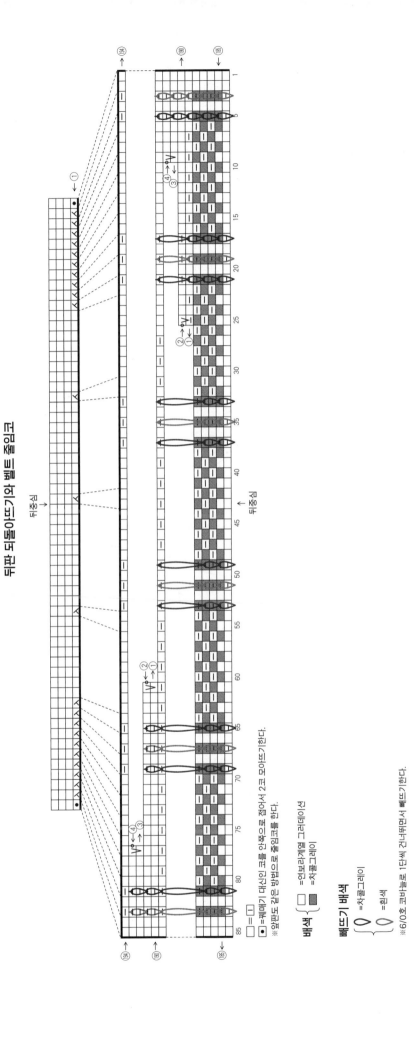

뒤중심
뒤중심

= □ □

● =빼매기 대신인 코를 안쪽으로 접어서 2코 모아뜨기한다.

※앞판도 같은 방법으로 줄임코를 한다.

배색
{ □ =앞보라계열 그러데이션
　(shaded) =차콜그레이 }

빼뜨기 배색
○ =차콜그레이
○ =흰색

※6/0호 코바늘로 1단씩 건너뛰면서 빼뜨기한다.

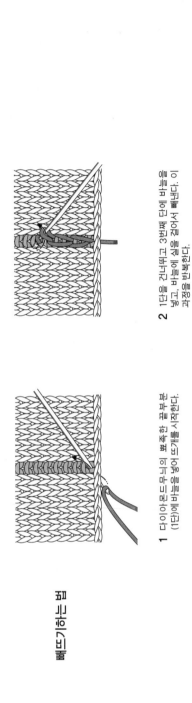

빼뜨기하는 법

1 다이아몬드드트니의 뾰족한 끝 부분 (1단)에 바늘을 넣어 뜨개를 시작한다.

2 1단을 건너뛰고 3번째 건너뛰어서 실을 바늘에 걸어서 빼낸다. 이 과정을 반복한다.

카라모프

우미우시 모코모코

재료
실⋯Keito 카라모프 천연색·녹색·노랑계열 그러
데이션(001) 90g 1볼
실⋯Keito 우미우시 모코모코 파랑·녹색·노랑계
열 그러데이션(201) 80g 1볼
도구
대바늘 8mm
완성 치수(실측)
폭 146cm×높이 59cm

게이지(10×10cm)
무늬뜨기 10.5코×19단
POINT
● 손가락 걸기코로 뜨기 시작해 무늬뜨기, 가터
뜨기로 뜹니다. 코 늘리기는 도안을 참고하세요.
마지막은 안면에서 덮어씌워 코막음으로 마무리합
니다.

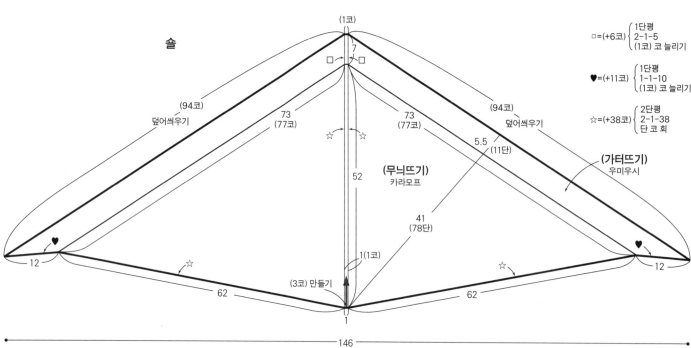

숄

(1코)

□=(+6코) { 1단평
2-1-5
(1코) 코 늘리기

♥=(+11코) { 1단평
1-1-10
(1코) 코 늘리기

☆=(+38코) { 2단평
2-1-38
단 코 회

7

(94코)
덮어씌우기

(94코)
덮어씌우기

73
(77코)

73
(77코)

5.5
(11단)

(무늬뜨기)
카라모프

(가터뜨기)
우미우시

52

41
(78단)

12

♥

♥

12

1(1코)

☆

☆

(3코) 만들기

62

1

62

146

※모두 8mm 대바늘로 뜬다.

1코에 걸뜨기 2코를 뜬다
(kfb)

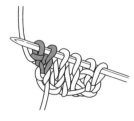

1 가장자리 코에 화살표처
럼 바늘을 넣고 실을 걸
어 끌어낸다.

2 왼바늘의 코는 그대로 두
고, 화살표처럼 돌려뜨기
를 뜨듯이 바늘을 넣어,

3 실을 걸어 끌어낸다.

4 가장자리 1코에 걸뜨기
2코를 뜬 모습.

안면에서 덮어씌워
코막음한다 → ⑪ ⑩

가터뜨기

★로
이어진다

무늬뜨기
2코 18단 1무늬

⑪ ⑩
⑤
① 78
75
70

★

35
30
25
20
15
10
5
①

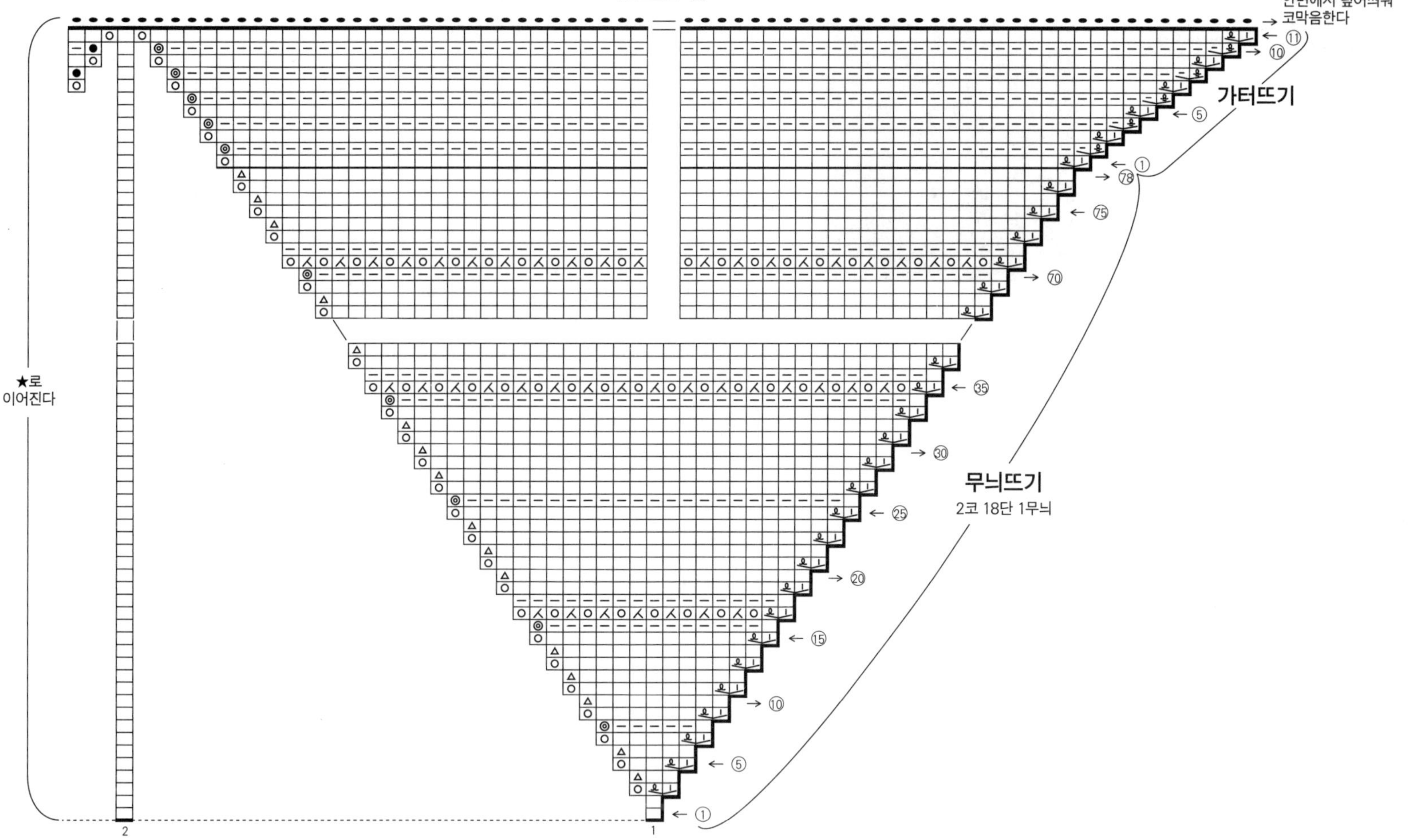

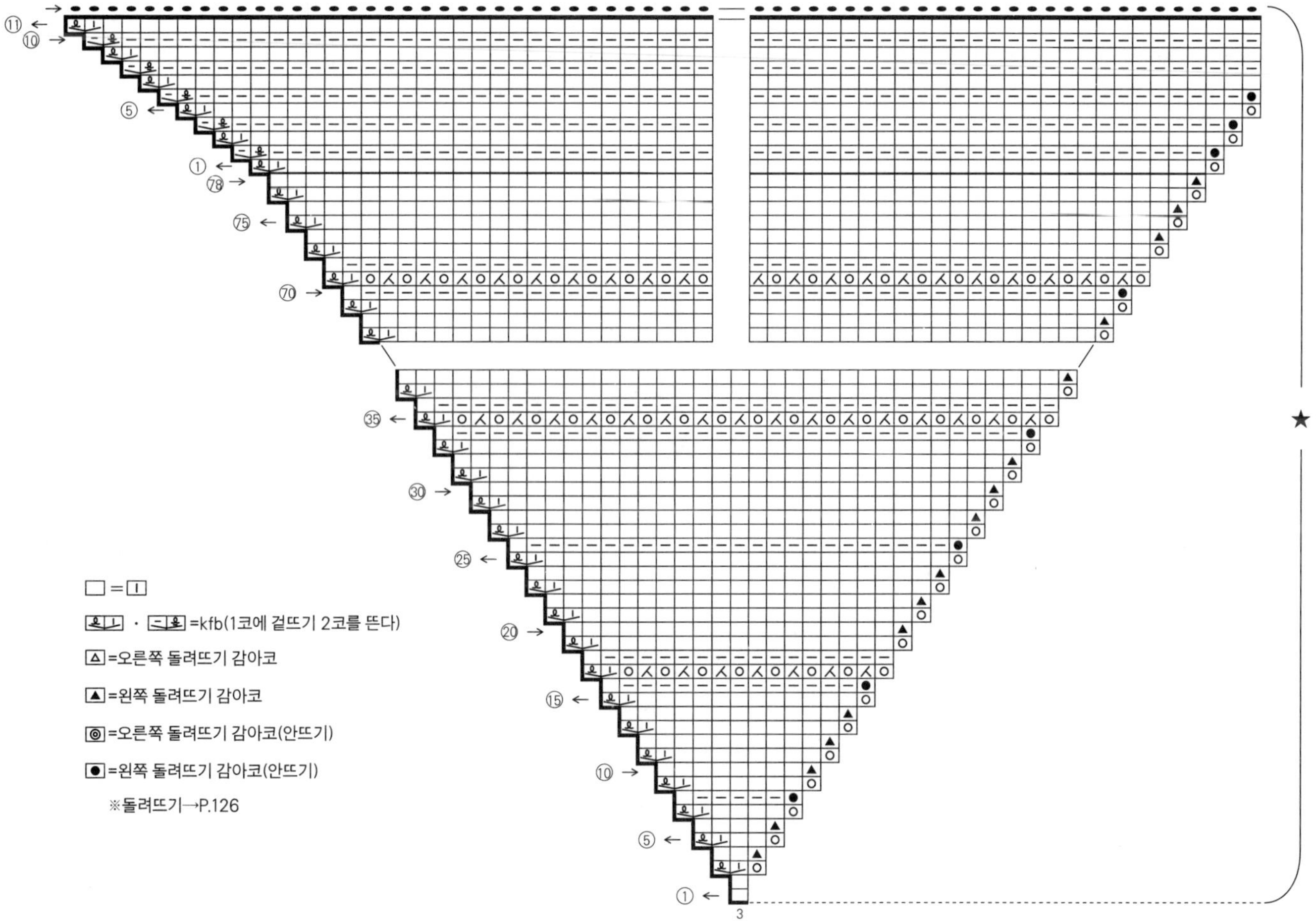

□ = □
🖊 · 🖊 =kfb(1코에 겉뜨기 2코를 뜬다)
△ =오른쪽 돌려뜨기 감아코
▲ =왼쪽 돌려뜨기 감아코
◎ =오른쪽 돌려뜨기 감아코(안뜨기)
● =왼쪽 돌려뜨기 감아코(안뜨기)

※돌려뜨기→P.126

181

알파카 슈퍼 파인

재료
실…라나 가토 알파카 슈퍼 파인 연한 그레이
(7611) 505g 11볼
실…라나 가토 알파카 슈퍼 파인 오렌지색(9072)
75g 2볼
도구
대바늘 10mm·8mm, 코바늘 8mm
완성 치수
가슴둘레 110cm, 기장 58.5cm, 화장 80cm
게이지(10×10cm)
가터뜨기 11코×16단
POINT
● 몸판·소매…몸판은 별도 사슬코를 만들어 가
터뜨기로 뜹니다. 목둘레의 줄임코는 2코 이상은
덮어씌우기, 1코는 가장자리 1코를 세우는 줄임코

를 합니다. 어깨 경사는 되돌아뜨기로 뜨되, 단 없
애기는 하지 않고 둡니다. 어깨는 단 없애기를 하
면서 덮어씌워 잇기를 합니다. 소매는 몸판에서 코
를 주워 가터뜨기로 뜹니다. 소매 밑선의 줄임코는
끝에서 2코째와 3코째를 모아뜨기합니다. 소맷부
리는 1코 고무뜨기로 뜹니다. 마무리는 1코 고무뜨
기 코막음을 합니다.
● 마무리…옆구리와 소매 밑선은 떠서 꿰매기를
합니다. 밑단은 시작코의 사슬을 풀어서 코를 주
운 다음 1코 고무뜨기로 원형뜨기를 합니다. 마무
리는 소맷부리와 동일하게 합니다. 칼라는 지정 콧
수를 주운 다음 밑단과 마찬가지로 뜹니다. 편물
안면을 보면서, 어깨부터 뒤목둘레에 늘어나지 않
게 빼뜨기를 합니다.

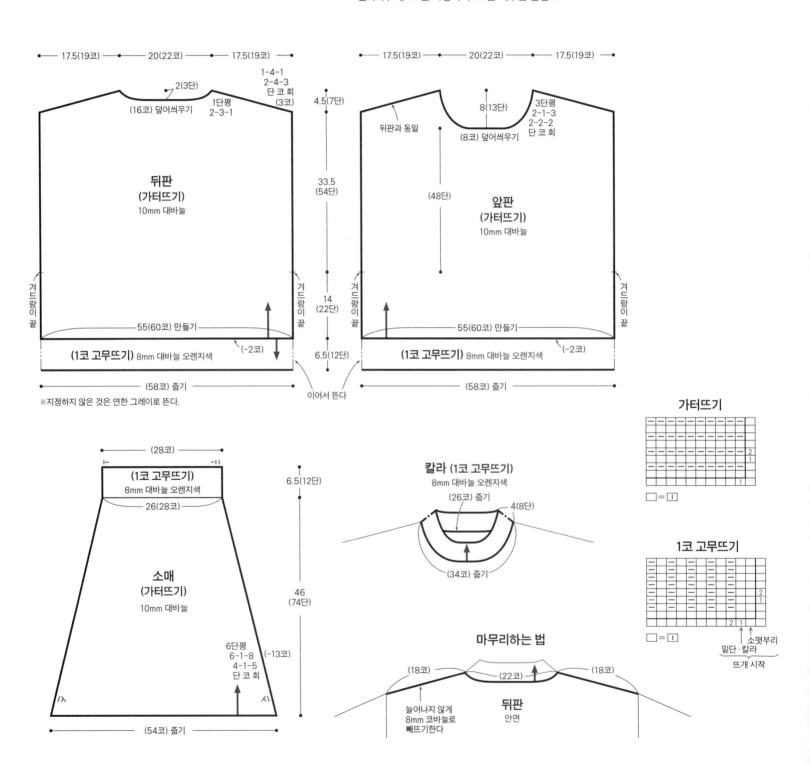

다이아 모헤어 두 '알파카'

재료
다이아몬드케이토 다이아 모헤어 두 '알파카' 그레이(703) 230g 6볼

도구
대바늘 7호·6호

완성 치수
가슴둘레 104cm, 기장 49.5cm, 화장 68cm

게이지(10×10cm)
무늬뜨기 24코×28.5단

POINT
● 몸판·소매…손가락 걸기코로 뜨기 시작해 안메리야스뜨기, 무늬뜨기로 뜹니다. 목둘레의 줄임

코는 도안을 참고하세요. 늘림코는 1코 안쪽에서 돌려뜨기 늘림코를 합니다. 끝단·소맷부리·칼라는 몸판과 같은 방법으로 뜨기 시작해 테두리뜨기 A·B·C로 각각 뜹니다. 마지막은 쉼코를 하고, 뜨기 시작 부분과 메리야스 잇기로 연결해 원형을 만듭니다.
● 마무리…어깨는 덮어씌워 잇기를 합니다. 소매는 코와 단 잇기로 몸판과 연결합니다. 옆구리와 소매 밑선은 떠서 꿰매기를 합니다. 밑단·소맷부리는 코와 단 잇기로 연결합니다. 칼라는 코와 단 잇기, 떠서 꿰매기로 연결합니다.

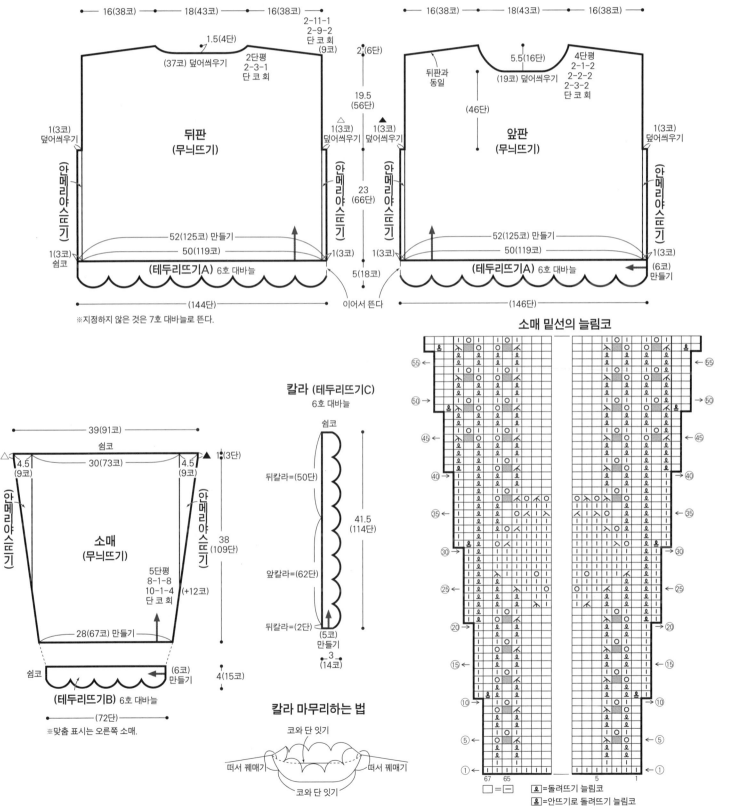

※지정하지 않은 것은 7호 대바늘로 뜬다.

칼라 (테두리뜨기C)
6호 대바늘

칼라 마무리하는 법

소매 밑선의 늘림코

□ =□ ♀ =돌려뜨기 늘림코
♀ =안뜨기로 돌려뜨기 늘림코

184페이지로 이어집니다. ▶

▶ 183페이지에서 이어집니다.

무늬뜨기

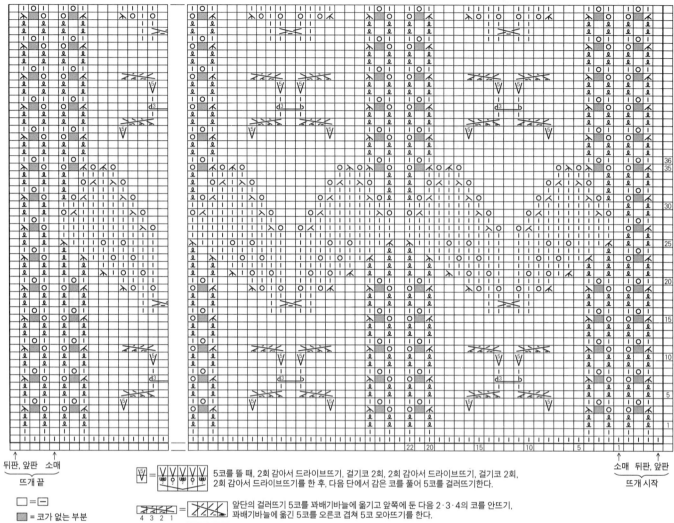

뒤판, 앞판　소매
뜨개 끝

소매　뒤판, 앞판
뜨개 시작

$\boxed{V}$ = 5코를 뜰 때, 2회 감아서 드라이브뜨기, 걸기코 2회, 2회 감아서 드라이브뜨기, 걸기코 2회, 2회 감아서 드라이브뜨기를 한 후, 다음 단에서 감은 코를 풀어 5코를 걸러뜨기한다.

□ = ﹣

▨ = 코가 없는 부분

= 앞단의 걸러뜨기 5코를 꽈배기바늘에 옮기고 앞쪽에 둔 다음 2·3·4의 코를 안뜨기, 꽈배기바늘에 옮긴 5코를 오른코 겹쳐 5코 모아뜨기를 한다.

= 1·2·3의 코를 꽈배기바늘에 옮기고 건너편에 둔 다음, 앞단의 걸러뜨기 5코를 왼코 겹쳐 5코 모아뜨기, 꽈배기바늘에 옮긴 3코를 안뜨기로 뜬다.

= 3회 감아 매듭뜨기

= 오른코 교차뜨기(중앙에 안뜨기 1코 넣기)

테두리뜨기C

테두리뜨기B 2장

테두리뜨기A

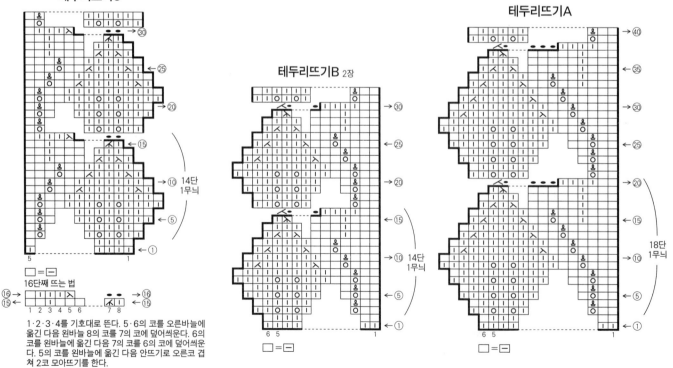

14단
1무늬

18단
1무늬

□ = ﹣

16단째 뜨는 법

1·2·3·4를 기호대로 뜬다. 5·6의 코를 오른바늘에 옮긴 다음 왼바늘 8의 코를 7의 코에 덮어씌운다. 6의 코를 왼바늘에 옮긴 다음 7의 코에 덮어씌운다. 5의 코를 왼바늘에 옮긴 다음 안뜨기로 오른코 겹쳐 2코 모아뜨기를 한다.

□ = ﹣

□ = ﹣

184

뒤목둘레

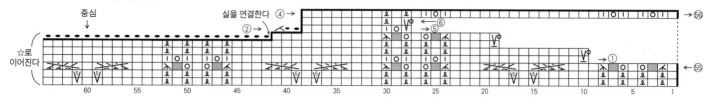

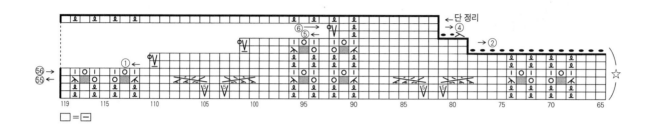

□ = −

앞목둘레

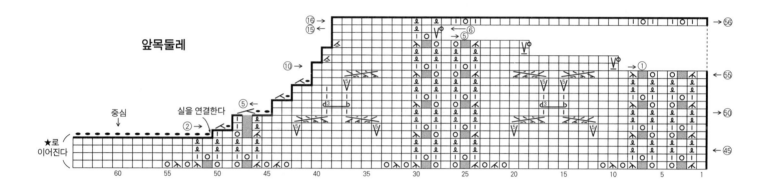

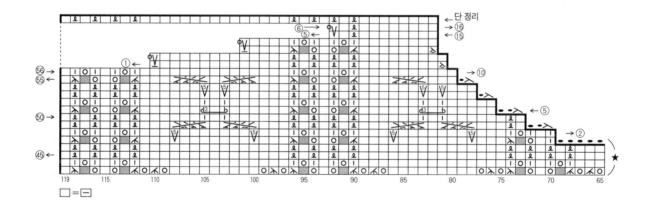

□ = −

3회 감아 매듭뜨기

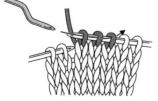

1 3코를 겉뜨기로 뜬 후, 꽈배기바늘에 옮긴다.

2 3코를 꽈배기바늘에 옮긴 모습.

3 꽈배기바늘에 옮긴 3코에 화살표 방향으로 실을 3회 감는다.

4 오른바늘에 되돌리면 완성이다.

카푸치노

마카롱

에스푸마

재료
실…K'sK 카푸치노 검정(5) 230g 5볼
실…K'sK 마카롱 베이지(31) 225g 6볼, 빨강(47) 20g 1볼
실…K'sK 에스푸마 검정(810) 50g 2볼
도구
대바늘 8호
완성 치수
가슴둘레 106cm, 기장 49.5cm, 화장 70.5cm
게이지(10×10cm)
줄무늬 무늬뜨기A·B 22.5코×40단
POINT
● 몸판·소매…몸판은 별도 사슬코를 만들어 줄무늬 무늬뜨기A·B로 뜹니다. 목둘레의 줄임코

는 2코 이상은 덮어씌우기, 1코는 가장자리 1코를 세우는 줄임코를 합니다. 밑단은 시작코의 사슬을 풀어 코를 주운 후 가터뜨기로 뜹니다. 마지막은 안면에서 덮어씌워 코막음을 합니다. 어깨는 덮어씌워 잇기를 합니다. 소매는 몸판에서 지정 콧수를 주운 후 줄무늬 무늬뜨기A·B로 뜹니다. 소매 밑선의 줄임코는 가장자리 1코를 세우는 줄임코를 합니다. 이어서 가터뜨기로 뜹니다. 마무리는 밑단과 동일하게 합니다.
● 마무리…옆선, 소매 밑선은 떠서 꿰매고, 덧대는 부분은 코와 단 잇기를 합니다. 칼라는 지정 콧수를 주운 후 가터뜨기로 원형뜨기를 합니다. 마무리는 안뜨기를 하면서 덮어씌워 코막음합니다.

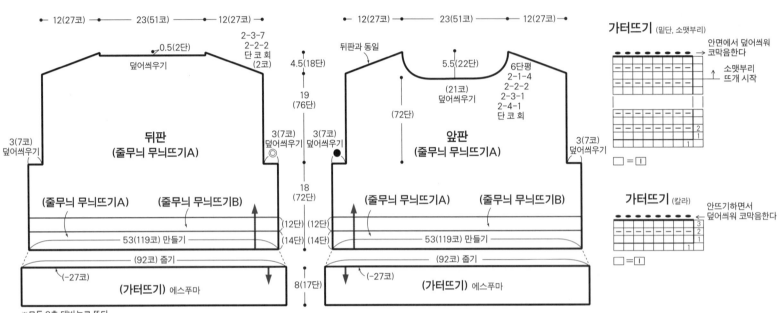

※모두 8호 대바늘로 뜬다.

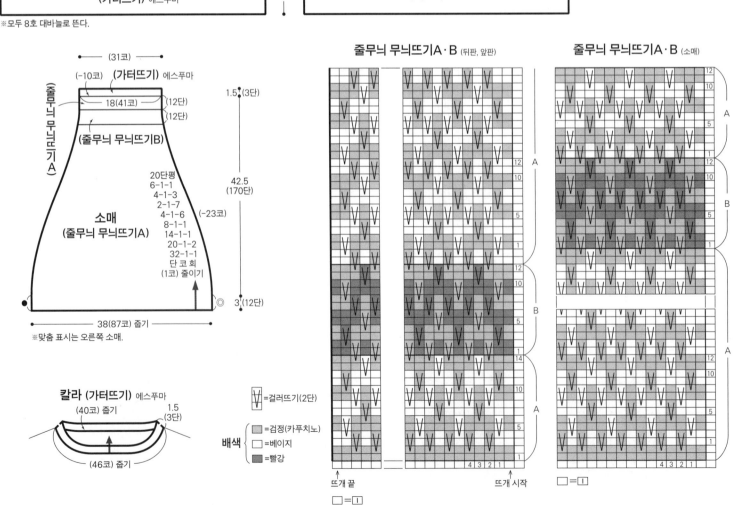

※맞춤 표시는 오른쪽 소매.

배색
=걸러뜨기(2단)
=검정(카푸치노)
=베이지
=빨강

□=□

마카롱

에스푸마

재료
실…K'sK 마카롱 그레이(3) 160g 4볼, 파랑(24)
105g 3볼, 노랑(17) 45g 2볼
실…K'sK 에스푸마 검정(810) 120g 3볼

도구
코바늘 7/0호·8/0호·9/0호

완성 치수
가슴둘레 98cm, 기장 43.5cm, 화장 42.5cm.

게이지(10×10cm)
배색무늬뜨기A·B 15코×9단

POINT
● 몸판…사슬뜨기로 시작코를 만들고 배색무늬
뜨기A·B로 뜹니다. 배색무늬뜨기는 실을 가로로
걸치는 방법과 세로로 걸치는 방법을 조합해서 뜹
니다. 늘림코는 도안을 참고하세요. 칼라는 같은
배색을 그대로 뜨고, 게이지 조정을 해서 뜹니다.
● 마무리…어깨는 빼뜨기로 잇기, 옆구리와 칼라
옆은 사슬뜨기와 빼뜨기로 꿰매서 연결합니다. 칼
라 주위에 테두리뜨기를 원형뜨기로 뜹니다. 소맷
부리는 지정 콧수를 주운 후 배색무늬뜨기C로 뜨
고, 사슬뜨기와 빼뜨기로 꿰매 둥글게 만듭니다.

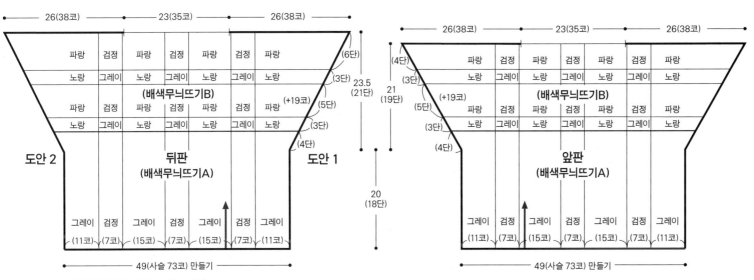

※지정하지 않은 것은 7/0호 코바늘로 뜬다.
※검정은 세로로 실을 걸치고, 그 밖에는 1코 걸러 실을 휘감아 옆으로 걸치면서 뜬다.
※배색무늬뜨기→P.161·189

소맷부리
(배색무늬뜨기C)

칼라
(배색무늬뜨기B)
게이지 조정

※테두리뜨기는 배색무늬뜨기B와 같은 배색으로 뜬다.

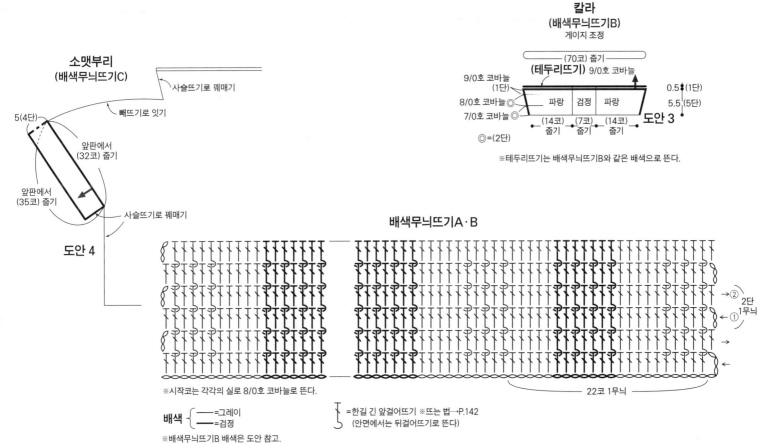

배색무늬뜨기A·B

※시작코는 각각의 실로 8/0호 코바늘로 뜬다.

배색 ──=그레이
──=검정

※배색무늬뜨기B 배색은 도안 참고.

=한길 긴 앞걸어뜨기 ※뜨는 법→P.142
(안면에서는 뒤걸어뜨기로 뜬다)

188페이지로 이어집니다. ▶

▶ 187페이지에서 이어집니다.

도안 3 뒤칼라

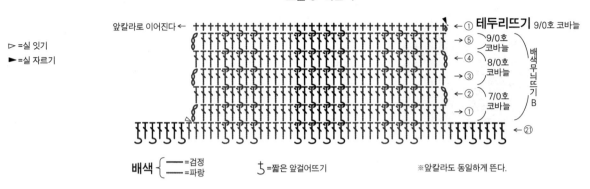

▷ =실 잇기
► =실 자르기

앞칼라로 이어진다 ←

① **테두리뜨기** 9/0호 코바늘
→⑤ 9/0호 코바늘
→④ 8/0호 코바늘
→③
→② 7/0호 코바늘
→①
←㉑

배색 { —=검정
—=파랑

ナ =짧은 앞걸어뜨기

※앞칼라도 동일하게 뜬다.

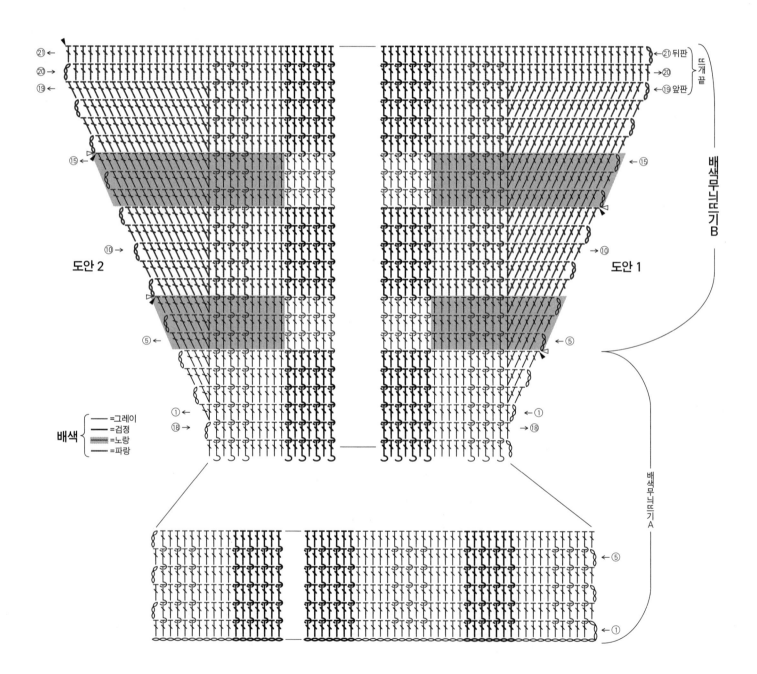

도안 2

도안 1

배색 {
—=그레이
—=검정
▨=노랑
—=파랑

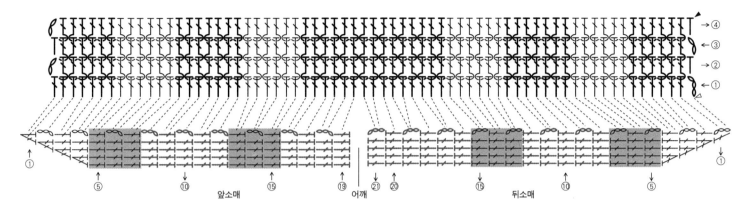

도안 4 소맷부리　　　　배색무늬뜨기C

⑤ ⑩ 앞소매 ⑮ ⑲ 어깨 ㉑㉒ ⑮ 뒤소매 ⑩ ⑤

배색 { ── =그레이　── =검정 } =한길 긴 앞걸어뜨기
※뜨는 법→P.142
(안면에서는 뒤걸어뜨기로 뜬다)

=한길 긴 뒤걸어뜨기
(안면에서는 앞걸어뜨기로 뜬다)

▷ =실 잇기
► =실 자르기

가로로 실을 걸치는 짧은뜨기의 배색무늬뜨기

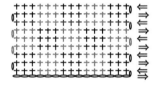

1단　배색실
바탕실

1 바탕실의 마지막 코를 끌어낼 때 배색실로 바꾼다.

2 배색실의 1코째는 바탕실과 배색실의 실 끝을 함께 건지며 배색실을 끌어낸다.

3 바탕실과 배색실을 감아뜨면서 배색실로 짧은뜨기를 뜬다.

4 배색실의 마지막 코를 끌어낼 때 바탕실로 바꾼다.

5 다음 배색실로 바꿀 때도 1과 같은 방법으로 바꾼다.

6 끝까지 떴으면 다음 단의 기둥코를 뜬 후 편물을 뒤집는다.

2단
(안면)

7 시작은 배색실을 앞쪽에 두고 바탕실로 배색실을 감싸면서 짧은뜨기를 뜬다. 이것을 반복한다.

한길 긴 뒤걸어뜨기

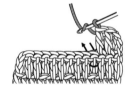

1 바늘에 실을 걸고, 앞단의 한길 긴뜨기 코의 다리에 화살표처럼 건너편에서 바늘을 넣어 실을 끌어낸다.

2 실을 걸어 바늘에 걸린 2개의 고리로 빼낸다.

3 한 번 더 실을 걸어 바늘에 걸린 2개의 고리로 빼낸다.

4 한길 긴 뒤걸어뜨기를 1코 뜬 모습.

짧은 앞걸어뜨기
(2단 전의 코를 끌어올리는 경우)

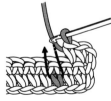

1 전전단의 짧은뜨기 전체에 앞쪽에서 바늘을 넣는다.

2 바늘에 실을 걸어 화살표처럼 실을 길게 빼낸다.

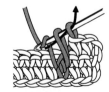

3 바늘에 실을 걸어 바늘에 걸린 2개의 고리로 빼낸다.

4 짧은 앞걸어뜨기를 완성한 모습.

189

재료
올림포스 트리 하우스 블레스 그레이(807) 215g
6볼

도구
아미무메모(6.5mm)

완성 크기
가슴둘레 98cm, 어깨너비 44cm, 기장 56.5cm

게이지(10×10cm)
메리야스뜨기 20코×28단

POINT
● 몸판…1코 고무뜨기 기초코로 뜨개를 시작
(→P.96)하고 1코 고무뜨기, 메리야스뜨기를 합니
다. 뒤판의 마무리는 어깨와 목둘레 틈임을 각각
버림실뜨기한 후에 수편기에서 빼냅니다. 앞목둘

레는 줄임코를 합니다.
● 마무리…목둘레와 진동둘레는 몸판과 같은 방
법으로 뜨개를 시작하고, 목둘레는 1코 고무뜨기
와 메리야스뜨기, 진동둘레는 1코 고무뜨기를 합
니다. 오른쪽 어깨는 기계 잇기(→P.97)를 합니다.
목둘레는 지정 콧수만큼 바늘을 꺼내 몸판, 목둘
레 순으로 코를 주워서 바늘에 걸고 래치 넘기기
를 한 다음 1단을 뜨고, 버림실 뜨기를 한 후 수편
기에서 빼낸 다음 휘감아 코막음합니다. 왼쪽 어깨
는 오른쪽 어깨와 같은 방법으로 잇기를 해 연결
합니다. 진동둘레는 목둘레와 같은 방법으로 몸판
과 연결합니다. 옆선, 목둘레 옆선, 진동둘레 옆선
은 떠서 꿰매기를 합니다.

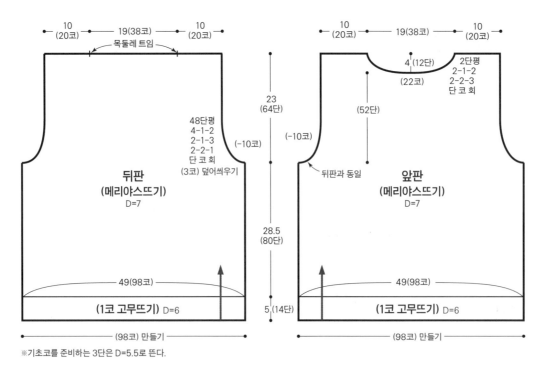

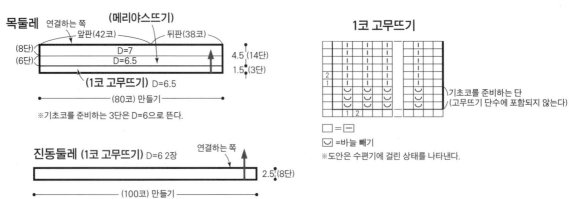

스타메

스펙터 모뎀

재료
실…리치모어 스타메 겨자색(59) 280g 6볼
실…리치모어 스펙터 모뎀 남색(45) 140g 4볼
도구
아미무메모(6.5mm)
완성 크기
가슴둘레 104cm, 기장 58.5cm, 화장 68cm
게이지(10×10cm)
메리야스뜨기 16코×20.5단(D=9), 19코×24.5단
(D=8.5)
POINT
● 몸판·소매…몸판은 1코 고무뜨기 기초코로 뜨
개를 시작(→P.96)하고, 1코 고무뜨기, 메리야스뜨
기를 합니다. 소매 다는 위치에는 실로 표시해둡
니다. 뒤판의 마무리는 어깨와 목둘레 트임을 각각

버림실 뜨기한 다음 수편기에서 빼냅니다. 앞목둘
레는 줄임코를 합니다. 소매는 몸판과 같은 방법으
로 뜨개를 시작하고 1코 고무뜨기를 합니다. 계속
해서 소매 밑선에서 늘림코를 하면서 메리야스뜨
기를 합니다.
● 마무리…목둘레는 몸판과 같은 방법으로 뜨개
를 시작하고, 1코 고무뜨기를 합니다. 오른쪽 어깨
는 기계 잇기(→P.97)를 합니다. 목둘레의 콧수만
큼 바늘을 꺼내서 몸판과 목둘레 순으로 코를 주
워서 바늘을 걸고 래치 넘기기해 1단을 뜬 다음 버
림실 뜨기를 한 후 수편기에서 빼내서 휘감아 코
막음합니다. 왼쪽 어깨는 오른쪽 어깨와 같은 방법
으로 잇기를 해 연결합니다. 소매는 목둘레와 같은
방법으로 몸판과 연결합니다. 옆선, 소매 밑선, 목
둘레 옆선은 떠서 꿰매기합니다.

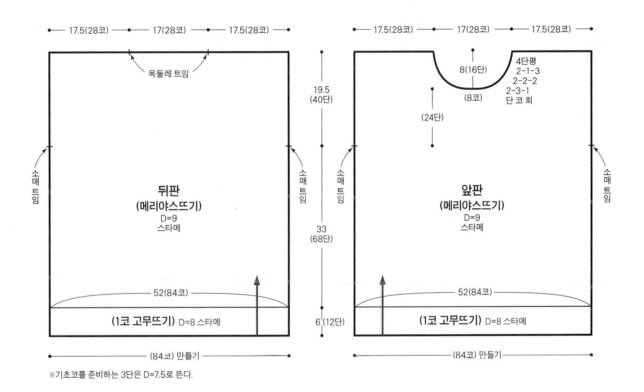

※기초코를 준비하는 3단은 D=7.5로 뜬다.

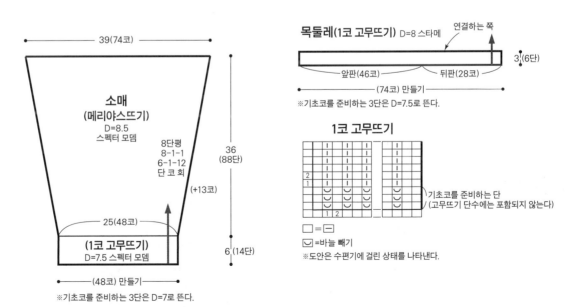

※기초코를 준비하는 3단은 D=7로 뜬다.

한스미디어의
수예 도서 시리즈

대바늘 뜨개

쉽게 배우는
새로운 대바늘 손뜨개의 기초

일본보그사 저 | 김현영 역 | 16,000 원

마마랜스의
일상 니트

이하니 저 | 22,000 원

니팅테이블의
대바늘 손뜨개 레슨

이윤지 저 | 18,000 원

그린도토리의
숲속 동물 손뜨개

명주현 저 | 18,000 원

52 주의 뜨개 양말

레인 저 | 서효령 역 | 29,800 원

매일 입고 싶은
남자 니트

일본보그사 저 | 강수현 역 | 14,000 원

M, L, XL 사이즈로 뜨는
남자 니트

리틀 버드 저 | 배혜영 역 | 13,000 원

유러피안 클래식 손뜨개

표도 요시코 저 | 배혜영 역 | 15,000 원

올터니트 스티치 사전 200

안드레아 랑겔 저 | 서효령 역
18,000 원

쿠튀르 니트
대바늘 손뜨개 패턴집 260

시다 히토미 저 | 남궁가윤 역
18,000 원

대바늘 비침무늬 패턴집 280

일본보그사 저 | 남궁가윤 역
20,000 원

대바늘 아란무늬 패턴집 110

일본보그사 저 | 남궁가윤 역
18,000 원

코바늘 뜨개

**쿠튀르 니트
대바늘 니트 패턴집 250**

시다 히토미 저 | 남궁가윤 역
20,000 원

**한 눈에 알 수 있는
대바늘 뜨개 기호**

일본보그사 저 | 김현영 역 | 13,000 원

**쉽게 배우는
새로운 코바늘 손뜨개의 기초**

일본보그사 저 | 김현영 역 | 16,000 원

**쉽게 배우는
새로운 코바늘 손뜨개의 기초
[실전편 : 귀여운 니트 소품 77]**

일본보그사 저 | 이은정 역 | 15,000 원

매일매일 뜨개 가방

최미희 저 | 20,000 원

**쉽게 배우는
모티브 뜨기의 기초**

일본보그사 저 | 강수현 역 | 13,800 원

**실을 끊지 않는
코바늘 연속 모티브 패턴집**

일본보그사 저 | 강수현 역 | 16,500 원

**실을 끊지 않는
코바늘 연속 모티브 패턴집 II**

일본보그사 저 | 강수현 역 | 18,000 원

**쉽게 배우는
코바늘 손뜨개 무늬 123**

일본보그사 저 | 배혜영 역 | 15,000 원

**대바늘과 코바늘로 뜨는
겨울 손뜨개 가방**

아사히신문출판 저 | 강수현 역
13,000 원

**한 눈에 알 수 있는
코바늘 뜨개 기호**

일본보그사 저 | 김현영 역 | 13,000 원

광고 문의 070-4678-7118

털실타래 Vol.2 2022년 겨울호

1판 1쇄 인쇄 2022년 12월 14일
1판 1쇄 발행 2022년 12월 23일

지은이 (주)일본보그사
옮긴이 강수현, 김보미, 남가영, 배혜영
펴낸이 김기옥

실용본부장 박재성
편집 실용2팀 이나리, 장윤선
마케터 이지수
판매 전략 김선주
지원 고광현, 김형식, 임민진

한국어판 기사 취재 정인경(inn스튜디오)
한국어판 사진 촬영 김태훈(TH studio)

본문 디자인 푸른나무디자인
표지 디자인 형태와내용사이
인쇄·제본 민언프린텍

펴낸곳 한스미디어(한즈미디어(주))
주소 121-839 서울시 마포구 양화로 11길 13(서교동, 강원빌딩 5층)
전화 02-707-0337 | **팩스** 02-707-0198 | **홈페이지** www.hansmedia.com
출판신고번호 제 313-2003-227호 | **신고일자** 2003년 6월 25일

ISBN 979-11-6007-860-2   13590

책값은 뒤표지에 있습니다.
잘못 만들어진 책은 구입하신 서점에서 교환해드립니다.